# 蔬食

## 饗瘦健康，
## 樂齡美食
## 你能做！

# 好料理2

# Contents 目錄

## Chapter 1　3道讓你煮出興趣的創意美食

## Chapter 2　藜麥入食

## Chapter3 日韓風饗宴

## Chapter4 樂齡料理

## Chapter5 涼拌輕食

## 🍲 *Chapter* 6 噴香辣味

## 🥄 *Chapter* 7 繽紛鮮蔬

## ☕ *Chapter* 8 暖心湯品

# 蔬食也要兼顧營養的均衡！

文／姚思遠（董氏基金會執行長）

　　2015 年 3 月，我們與食譜老師吳黎華合作出版《蔬食好料理：創意食譜，健康美味你能做！》一書，這本實用的食譜，為讀者兼顧健康與美味，設計出有創意，簡單又能做到的料理。當時推出後，也獲得各通路、書店的好書推薦。

　　此次，我們再度與吳黎華老師合作，打造適合全家人的食譜。《蔬食好料理 2》一樣由臺北醫學大學附設醫院營養室組長李青蓉為本書計算每道食譜熱量，提醒讀者注意每天對所需熱量的控制。而在食譜上，增加了異國創意的料理方式，讓蔬食更流行，除此之外，更為老年人提供美味的食譜選擇，在「樂齡料理」單元中，有不少適合年長者食用的食譜。

　　「吃蔬食」的好處不少，能穩定情緒、避免心血管疾病，不少人為了健康與環保的理由，更選擇吃蔬食，但吃蔬食也要兼顧營養均衡，尤其老年人在攝取上，要記得多補充蛋白質，預防肌少症，《蔬食好料理 2》也重視到了這點，所以在蔬食食譜的設計上，加入不少豆腐及黃豆製品，並且選擇富含蛋白質的食材入菜。其中被稱為「營養黃金」的「藜麥」，在書中是具有特色的單元。

　　「藜麥」擁有豐富的優質蛋白質，易於人體吸收，亦有極佳的膳食纖維，是常吃蔬食的民眾，可選擇的好食材，這次《蔬食好料理 2》結合最熱門的健康養生風潮，為讀者提供更好的優質食譜參考。

　　本書的每一道料理拍攝及編輯製作，食譜老師吳黎華及編輯團隊都投入不少心血，與第一本《蔬食好料理》可做為結合，從第一本簡單入門，進而由《蔬食好料理 2》學更多食譜創意，相信透過這兩本書，在家練習，也能做出健康好菜。

# 你可以為自己和家人做出健康好味！

文／吳黎華

　　兩年前，透過《蔬食好料理》的出版與讀者結緣，曾發願將自己學習蔬食料理的心得分享給更多同好。書籍出版後，2015 年 10 月 9 日有機會在誠品信義店的 Cooking Studio 進行新書分享會，現場做菜並與民眾面對面互動，成了一次有趣難忘的經驗。出書前，原先擔心自己的食譜不夠精彩，不過《大家健康》編輯團隊及長輩、家人、親友、同事的鼓舞讓我安心創作；沒想到書籍推廣後，不少民眾喜愛這本書，並將它作為一本料理工具書，讓我心中充滿喜悅與感謝。

　　連續 7 年在《大家健康》雜誌的「蔬食好料理」單元連載食譜，有時是種壓力，但也是種鼓勵，督促自己成長與精進。每當食譜刊出後，思索如何調整精進，出外用餐時，也會留意餐廳的擺盤與菜色搭配。

　　兩年後，《蔬食好料理 2》也在不斷琢磨下推出。與第一本書相較，《蔬食好料理 2》的菜色變化較多，尤其搭配熱門的養生食材，如藜麥、香椿、蒟蒻等，在發想時，除了要求可口外，呈現出食材的美感在食譜設計上是一個考驗，許多時候會試作多次，依家人試吃後的反應做調整，然後再與編輯團隊溝通。

　　其中藜麥並不容易設計，這個特有的穀類植物是近年最火紅的食材，為此特別用異國料理的手法，設計出海苔藜麥蔬果捲、藜麥飯糰、藜麥馬鈴薯沙拉、義式番茄藜麥湯等食譜，讓營養價值高的藜麥，更能讓人喜愛、上手入菜。

　　在創意料理上，編輯團隊對收錄食譜裡的「杏鮑菇一串心」相當感興趣，我們也特別為此拍攝了影音，收入在「大家健康雜誌 YouTube」上，讀者若喜歡這道菜，也可看影片了解。當初會這樣設計源自於一次春節與家人至外地用餐，餐廳是用葷食方式料理，家人希望我改良，回家後，反覆嘗試了 10 多次才成功設計出這道料理。在食譜拍攝上，這道菜也從第一次先蒸杏鮑菇再切片的手法，改良為先切片再汆燙，變成更易上手的方式，這也是煮菜的樂趣之一，每次調整都能激盪出精簡有效率的手法。

　　《蔬食好料理 2》除了增添異國風外，有一個重要特色就是「樂齡美食」，期望這本書讓家中的長輩喜歡，也讓中、老年人攝取更多蔬食，有益健康。有感現代人外食太多，希望《蔬食好料理 2》能讓更多人喜愛料理，為自己、為家人做出健康好味！

# *Chapter* 1
# 3 道讓你煮出興趣的創意美食

美食，來自生活，來自創意。
自己親手做最有感！
好食材搭巧思，杏鮑菇可變一串心，藜麥可化身蔬菜捲。

# 杏鮑菇一串心

如何將杏鮑菇捲成一串心，做出解嘴饞的點心？

👨👨👨👨
4 人份

## 🏷️ 做菜前的準備

食材：杏鮑菇 300g、擺盤用巴西利適量（可用小黃瓜片 150g 替代）、紅棗
　　　9 粒、牙籤一小包。
調味：(1) 冰糖 1 小匙。
　　　(2) 嫩薑末 10g、醬油 1 大匙、黑醋 1 小匙、白醋 1 小匙、香油少許。

## 🧤 食材洗淨後，進行前置處理

1. 用刀滑開紅棗後加冰糖及少許水入電鍋蒸成蜜棗（外鍋放 1/2 杯水）。
2. 新鮮杏鮑菇切 0.2 至 0.3 公分薄片後，快速汆燙約 15 秒撈起放涼。

 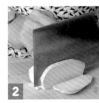 

## 🍳 可以捲杏鮑菇一串心了！

1. 取一片杏鮑菇片，在靠近邊緣處用牙籤刺穿後，將杏鮑菇片旋轉，再將牙
籤往前插入，重複旋轉再插入的動作，讓杏鮑菇片成為螺旋狀的一串。
2. 將杏鮑菇串與巴西利、蜜棗擺盤裝飾後，將調味料拌勻，淋在食材上即可
食用。

  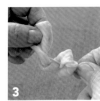 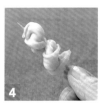

| 營養分析（1 人份） | |
| --- | --- |
| 熱量（大卡） | 29 |
| 蛋白質（公克） | 1.9 |
| 脂肪（公克） | 0.3 |
| 醣類（公克） | 4.7 |
| 膳食纖維（公克） | 2.1 |
| 菸鹼素（毫克） | 1.1 |
| 鐵（毫克） | 0.5 |
| 鋅（毫克） | 0.3 |

# 和風藜麥蔬菜捲

如何用熱門的藜麥，做出清爽高纖的和風藜麥蔬菜捲？

6 人份

 **做菜前的準備**

食材：A 菜 300g、高麗菜 150g、生藜麥 30g、紅棗數粒、熟白芝麻少許。
調味：和風醬（薄鹽醬油 1 大匙、味醂 2 大匙、醋 1 大匙、橄欖油 1 大匙）、
美乃滋少許、油少許。

 **食材洗淨後，進行前置處理**

1. 紅棗加冰糖及少許水入電鍋蒸成蜜棗備用（外鍋放 1/2 杯水）。
2. 藜麥與水 1：1 入電鍋蒸熟放涼（外鍋加 1/2 杯水）。
3. 取高麗菜外層葉子，放入加少許油的熱水中氽燙，待菜葉燙軟後取出待涼。
4. 將 A 菜氽燙後濾去水分放涼。

 **可以做和風藜麥蔬菜捲了！**

1. 高麗菜做底，依序抹上美乃滋、鋪上 A 菜、適量藜麥，再捲成長條狀。
2. 將條狀的藜麥捲切成 3.5 公分高的小段後裝盤，最後撒上芝麻和蜜棗裝飾即可。
3. 將和風醬拌勻後，食用時沾取醬汁更添風味。

| 營養分析（1 人份） | |
|---|---|
| 熱量（大卡） | 65 |
| 蛋白質（公克） | 3.4 |
| 脂肪（公克） | 3.4 |
| 醣類（公克） | 5.2 |
| 膳食纖維（公克） | 1.9 |
| 菸鹼素（毫克） | 0.6 |
| 鐵（毫克） | 1.5 |
| 鋅（毫克） | 0.5 |

**小提醒**

1. 藜麥粒很輕，建議用漏網清洗，以免遺漏。蒸煮藜麥的方法和煮飯一樣，軟硬可隨喜好調整，想要軟一點就增加水量。

2. 高麗菜硬梗凸出部分，可先用刀橫切掉，當菜葉變平坦後，包菜捲時較沒障礙，也可用包壽司的捲簾當工具，製作上更順手。

3. 若新手上路，為減少藜麥散落，可先在燙熟的高麗菜葉上抹一層美乃滋，再放上 A 菜、藜麥，如此也可增加口感。

# 泰式蔬菜湯麵

一麵兩吃，如何做出開胃的泰式蔬菜湯麵及乾拌麵？

6 人份

## 做菜前的準備

食　　材：燙熟的麵條 250g、高麗菜 150g、鴻喜菇或鮑魚菇 100g、紅蘿蔔 30g、乾黑木耳 5g。

湯底食材：香茅一把（約 10 ～ 15g）、有機乾檸檬草 3g、檸檬葉 3 ～ 5 片。

調　　味：泰式醬料 2 大匙、鹽 1 小匙、少許糖、檸檬汁 2 大匙（約 30g）、白醋 1 小匙、烏醋 1/2 小匙。

## 食材洗淨後，進行前置處理

1. 高麗菜、紅蘿蔔切薄片備用。
2. 乾黑木耳泡軟、鴻喜菇洗淨備用。
3. 香茅、乾檸檬草、檸檬葉加水 1500cc 煮滾，之後轉中小火熬 15 分鐘，再取出香茅，即煮好湯底。

## 可以煮泰式蔬菜湯麵了！

1. 把高麗菜、紅蘿蔔、黑木耳陸續加進湯底，再入鴻喜菇及熟麵條。
2. 調勻泰式醬料、鹽、少許糖、檸檬汁、白醋後，放入湯汁中調味，並煮滾。
3. 上桌前淋上烏醋即可食用。

| 營養分析（1人份） | |
|---|---|
| 熱量（大卡） | 194 |
| 蛋白質（公克） | 5.9 |
| 脂肪（公克） | 3.4 |
| 醣類（公克） | 34.9 |
| 膳食纖維（公克） | 1.9 |
| 菸鹼素（毫克） | 1.0 |
| 鐵（毫克） | 0.6 |
| 鋅（毫克） | 0.5 |

 **變身為泰式香茅拌麵！**

此料理可變化為乾拌麵，當湯汁煮滾後，取出部分麵條、蔬菜，另外盛盤，再加點泰式醬料拌勻，即成泰式香茅拌麵。

**小提醒**

1. 想烹調道地的泰式料理，可至大賣場、超市購買香茅、檸檬葉、泰式醬料等食材，泰緬商店林立的新北市中和區華新街、興南路二段等，也有泰式食材行可選購。
2. 若醬料太辣，加糖可淡化辣味，口味可隨喜愛調整。

# 藜麥入食

藜麥被稱為營養的黃金、穀類中的寶石，
擁有優質的蛋白質和絕佳的膳食纖維，
但藜麥該如何料理才有味？
不只拌沙拉，還可入菜、入湯，多元變化。

# 藜麥蔬菜沙拉

## 🍲 食材

綠鬚捲生菜 200g、黃玉米 1 支 200g、紫高麗菜 100g、藜麥 30g。

## 🫙 調味料

和風醬（日式薄鹽醬油 1 大匙、味醂 2 大匙、醋 1 大匙、橄欖油 1 大匙）。

## 🥣 作法

1. 藜麥洗淨後，藜麥與水 1：1 入電鍋蒸熟放涼（外鍋加 1/2 杯水）。煮法與煮飯一樣，若要更軟，可增加水量。
2. 紫高麗菜洗淨切細絲，綠鬚捲生菜洗淨切段。
3. 黃玉米蒸熟後，切掉中間的梗，取下玉米粒。
4. 以上食材裝盤擺飾即可上桌。食用時將調味料拌成和風醬，淋上醬汁即可食用。

### 藜麥是什麼？

藜麥（Quinoa）是南美洲高地特有的種子，富含蛋白質、膳食纖維、高鈣、高鐵、零膽固醇，且升糖指數低，是近年來很受歡迎的養生食材。聯合國糧農組織將藜麥列為全球十大健康營養食品之一。近年，臺灣花蓮臺東一帶也有生產和藜麥同屬藜亞科的紅藜。

## ☕ 美味提醒

1. 藜麥、綠鬚捲生菜可到有機食品商店購買。
2. 藜麥粒很輕，建議放在漏網上清洗，以免遺漏。
3. 藜麥可單獨多煮些，放冰箱冷凍，使用前再取出退冰搭配。
4. 和風醬及食材可隨喜愛調整分量及比例。

| 營養分析（1 人份） | |
| --- | --- |
| 熱量（大卡） | 96 |
| 蛋白質（公克） | 4.2 |
| 脂肪（公克） | 3.4 |
| 醣類（公克） | 11.8 |
| 膳食纖維（公克） | 2.6 |
| 菸鹼素（毫克） | 0.9 |
| 鐵（毫克） | 1.1 |
| 鋅（毫克） | 0.7 |

# 海苔藜麥蔬果捲

食材

藜麥 50g、白米 100g、雜糧 50g、海苔片或春捲皮 6 張、萵苣 150g、蘋果 120g、小黃瓜 120g、黑木耳 50g、紅蘿蔔 40g、海苔素鬆 100g、起司 3 片 60g、熟的玉米粒 50g、毛豆 20 克。

## 調味料

玫瑰鹽、美乃滋 2 湯匙。

## 作法

1. 藜麥洗淨後，藜麥與水 1：1 入電鍋蒸熟放涼（外鍋加 1/2 杯水）。
2. 白米＋雜糧與水 1：1，入電鍋前加一滴油，外鍋放 1 杯水，煮熟後燜 15 分鐘才拌勻，再燜 10 ～ 15 分鐘後，取出放涼。
3. 去籽的小黃瓜、紅蘿蔔各切細條狀，加少許鹽去澀味，再快速過熱水後放涼。
4. 萵苣洗淨、沖冷開水後擦乾。起司切條狀備用。
5. 蘋果去皮切細條，泡少許鹽水再撈起濾乾。
6. 黑木耳切細條與毛豆分別入鹽水汆燙。
7. 海苔片或春捲皮上放萵苣葉，再鋪上藜麥雜糧飯，擠上少許美乃滋後，撒上海苔素鬆、其他食材及玫瑰鹽，再慢慢壓緊捲起即成。

## 美味提醒

1. 可用「墨西哥餅皮」代替海苔片或春捲皮，更有嚼勁。墨西哥餅皮可至百貨公司的超市購買。使用時，先將墨西哥餅皮置平底熱鍋上，不加油，正反面各烙 5 秒，再包裹食材（可不放雜糧飯）。
2. 包裹的食材務必瀝乾或擦乾水分，亦可搭配家中現有蔬果。
3. 包捲時，可將萵苣露出，增加美感，更添食慾。
4. 海苔素鬆亦可用花生粉代替。

| 營養分析（1 人份） | |
| --- | --- |
| 熱量（大卡） | 353 |
| 蛋白質（公克） | 15.6 |
| 脂肪（公克） | 10.0 |
| 醣類（公克） | 50.5 |
| 膳食纖維（公克） | 6.5 |
| 菸鹼素（毫克） | 2.7 |
| 鐵（毫克） | 3.4 |
| 鋅（毫克） | 1.8 |

# 香鬆藜麥飯糰

6 人份

## 食材

藜麥 100g、白米 250g、雜糧 100g、高麗菜 150g、小黃瓜 120g、海苔素鬆 100g、蘿蔔乾 50g、起司 2 片 40g、小番茄數顆。

## 調味料

玫瑰鹽、椰子油。

## 作法

1. 藜麥洗淨後，藜麥與水 1：1 入電鍋蒸熟放涼（外鍋加 1/2 杯水）。
2. 白米＋雜糧與水 1：1，入電鍋前加一滴油，外鍋放 1 杯水，煮熟後燜 15 分鐘才拌勻，再燜 10 ～ 15 分鐘。
3. 蘿蔔乾洗淨切細末，用少許油炒香備用。
4. 高麗菜切細短絲備用，另留 30 克擺盤用。
5. 小黃瓜切數片擺盤用，剩餘的切絲，之後撒少許鹽去澀味，快速過熱水放涼。
6. 熟藜麥留一小瓢最後滾飯糰用，其餘熟藜麥與雜糧飯混合，趁熱加入撕碎的起司片、蘿蔔細末及玫瑰鹽，待飯不燙手時，拌入高麗菜絲、小黃瓜絲及海苔素鬆和勻。
7. 手中抹少許椰子油將飯糰捏緊後外層沾滾上藜麥，再將高麗菜絲、小黃瓜片、小番茄一起擺盤，即可上桌。

## 美味提醒

蔬菜切細口感較佳，加起司可增添美味及黏性，加玫瑰鹽及椰子油，可增加香氣。

| 營養分析（1 人份） | |
| --- | --- |
| 熱量（大卡） | 228 |
| 蛋白質（公克） | 10.5 |
| 脂肪（公克） | 6.5 |
| 醣類（公克） | 31.8 |
| 膳食纖維（公克） | 3.1 |
| 菸鹼素（毫克） | 1.1 |
| 鐵（毫克） | 2.5 |
| 鋅（毫克） | 1.5 |

# 藜麥馬鈴薯沙拉

6 人份

食材

馬鈴薯 600g、藜麥 300g、紅蘿蔔丁 70g、毛豆 70g、鮮黃玉米粒 70g。

調味料

鹽少許、奶油 2 小匙、美乃滋 70g。

作法

1. 藜麥洗淨後,藜麥與水 1:1 入電鍋蒸熟放涼(外鍋加 1/2 杯水)。
2. 馬鈴薯洗淨去皮切丁,外鍋加 1 杯水,入電鍋蒸熟。第一次開關跳起後,打開鍋蓋,外鍋加少許水再蒸 5 分鐘,再次蒸去水分,讓馬鈴薯保持乾燥。
3. 取出馬鈴薯趁熱壓成泥,再加少許鹽、奶油及美乃滋,攪拌至軟狀。
4. 分別汆燙紅蘿蔔丁、毛豆、鮮黃玉米粒,之後濾乾備用。
5. 將所有食材依喜好完成擺盤,即可上桌。

| 營養分析(1 人份) | |
|---|---|
| 熱量(大卡) | 217 |
| 蛋白質(公克) | 6.5 |
| 脂肪(公克) | 9.0 |
| 醣類(公克) | 27.7 |
| 膳食纖維(公克) | 3.9 |
| 菸鹼素(毫克) | 2.2 |
| 鐵(毫克) | 1.8 |
| 鋅(毫克) | 1.7 |

# 優格藜麥水果

6 人份

## 🍲 食材

藜麥 100g、蘋果 100g、奇異果 100g、葡萄 100g、番石榴 100g、綜合堅果 50g、番茄 30g。

## 🍶 調味料

原味優格 150 g、鹽少許。

## 🥣 作法

1. 藜麥洗淨後，藜麥與水 1：1 入電鍋蒸熟放涼（外鍋加 1/2 杯水）。
2. 蘋果洗淨去皮去核，奇異果、葡萄洗淨去皮，番石榴、番茄洗淨，所有水果泡少許鹽水後濾乾，切成適合入口的大小。
3. 將所有水果放入盤中，再撒上熟藜麥及綜合堅果，淋上優格即可。

## ☕ 美味提醒

1. 可一次多煮些藜麥，放冰箱冷凍，使用前再取出退冰搭配。
2. 可隨個人喜好、色彩搭配更換食材。

| 營養分析（1 人份） | |
| --- | --- |
| 熱量（大卡） | 133 |
| 蛋白質（公克） | 3.9 |
| 脂肪（公克） | 4.8 |
| 醣類（公克） | 18.7 |
| 膳食纖維（公克） | 2.3 |
| 菸鹼素（毫克） | 1.0 |
| 鐵（毫克） | 1.1 |
| 鋅（毫克） | 0.9 |

| 營養分析（1人份） | |
|---|---|
| 熱量（大卡） | 136 |
| 蛋白質（公克） | 4.6 |
| 脂肪（公克） | 4.1 |
| 醣類（公克） | 20.2 |
| 膳食纖維（公克） | 3.7 |
| 菸鹼素（毫克） | 1.9 |
| 鐵（毫克） | 1.7 |
| 鋅（毫克） | 1.2 |

# 義式番茄藜麥湯

4人份

 食材

番茄600g、藜麥300g、綠椰花50g。

調味料

橄欖油1大匙、玫瑰鹽1/2小匙、醬油少許、義大利綜合香料1/2大匙。

 作法

1. 藜麥洗淨後，藜麥與水1：1入電鍋蒸熟備用（外鍋加1/2杯水）。
2. 在紅番茄底部劃上十字刀後，放入滾水中汆燙，接著撈起去皮切丁。
3. 將綠色花椰菜汆燙後取部分小花。
4. 用少許油炒香番茄丁，待炒成糊狀後，加入少許醬油略炒，最後再放入熟藜麥和水燉煮。
5. 保留些許番茄丁，便可關火起鍋，最後撒上調味料，並放上綠色花椰菜粒裝飾，即可食用。

 美味提醒

1. 藜麥因粒小質輕，建議可用漏勺沖洗。
2. 醬油會影響番茄的顏色，建議量不要過多。
3. 綠色花椰菜亦可用毛豆替代。

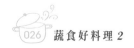

# 綠豆仁牛奶藜麥

## 🍲 食材

藜麥 100 g、綠豆仁 150g、牛奶 600g。

## 🍯 調味料

二砂糖 3 大匙、鹽少許。

## 🍚 作法

1. 藜麥洗淨後，藜麥與水 1：1 入電鍋蒸熟放涼（外鍋加 1/2 杯水）。
2. 綠豆仁洗淨後泡水 1 分鐘再撈出入電鍋蒸熟（外鍋放 1/2 杯水，不需燜），起鍋後加糖拌勻。
3. 拿一漂亮瓷碗或玻璃碗，放入熟藜麥及綠豆仁，加入牛奶及少許鹽拌勻後即可食用。若夏天想消暑，食材可冷藏後，再分別盛裝至碗中拌勻食用。

## ☕ 美味提醒

1. 食材分開處理易於保存。
2. 甜品加少許鹽可解膩。
3. 煮熟藜麥若要更軟，可增加水量。可一次多煮些藜麥，放冰箱冷凍，要使用前再取出退冰搭配。
4. 可隨個人喜愛添加各式材料，如：紅豆、燕麥等。

| 營養分析（1 人份） | |
| --- | --- |
| 熱量（大卡） | 195 |
| 蛋白質（公克） | 10.1 |
| 脂肪（公克） | 2.7 |
| 醣類（公克） | 32.8 |
| 膳食纖維（公克） | 1.8 |
| 菸鹼素（毫克） | 0.9 |
| 鐵（毫克） | 1.7 |
| 鋅（毫克） | 1.5 |

| 營養分析（1 人份） | |
| --- | --- |
| 熱量（大卡） | 180 |
| 蛋白質（公克） | 8.6 |
| 脂肪（公克） | 0.7 |
| 醣類（公克） | 34.9 |
| 膳食纖維（公克） | 7.0 |
| 菸鹼素（毫克） | 1.1 |
| 鐵（毫克） | 4.0 |
| 鋅（毫克） | 1.7 |

# 紅豆蒟蒻藜麥甜品

6 人份

## 食材

蒟蒻條 300g、大紅豆 200g、藜麥 100g。

## 調味料

砂糖 3 大匙、鹽少許、醋 2 大匙。

## 作法

1. 大紅豆洗好後，大紅豆與水 1：3，先靜置 2 小時，再入電鍋蒸煮（外鍋放 1 杯水）。煮熟後，趁熱加砂糖及少許鹽巴拌勻。
2. 藜麥洗淨後，藜麥與水 1：1 入電鍋蒸熟備用（外鍋加 1/2 杯水）。
3. 另準備一鍋水，待水煮沸後加醋，放入蒟蒻條汆燙。再撈出蒟蒻條洗淨切段。
4. 最後，將蒟蒻條及熟藜麥放入紅豆湯內一起熬煮即成。

##  美味提醒

甜品除了加糖，再加少許鹽巴，可解膩。

# Chapter 3

## 日韓風饗宴

日式料理著重精緻美觀，
韓式料理著重配菜豐富，
蔬食融入日韓風特色，好看又開胃！

# 日式咖哩燴鍋粑

👥👥👥👥👥👥
6 人份

## 🍲 食材

馬鈴薯 100g、洋菇 100g、紅蘿蔔 100g（約 1 條）、南瓜 50g、鍋粑 70g（約 6 片）。

## 🧂 調味料

咖哩粉 2 大匙、麵粉 1 大匙、食用油 2 大匙、鹽 1 小匙。

## 🥣 作法

1. 乾鍋炒香咖哩粉、麵粉，待混和均勻再盛起放涼。
2. 洋菇洗淨後擦乾，對切放入乾鍋炒香。
3. 馬鈴薯、紅蘿蔔及去籽南瓜洗淨去皮切塊後，加 1000cc 的水煮至八分熟，放入洋菇，接著將咖哩麵粉加點水調勻後入鍋，如勾芡般將湯汁調成稠狀，此時可轉中小火拌勻，避免沉澱燒焦，再加鹽調味，煮滾後熄火。
4. 鍋粑入油鍋煎香後，淋上作法 3 完成之醬料及食材，即可上桌。

## ☕ 美味提醒

1. 鍋粑可至傳統市場及南北雜貨行購買。
2. 湯汁加入咖哩與麵粉後，易成稠狀，要時時攪拌，避免燒焦。可視湯汁需要的稠度，增減水量。
3. 此菜餚應立即食用，放太久鍋粑會因咖哩醬而軟化，口感較不佳。

### 營養分析（1 人份）

| | |
|---|---|
| 熱量（大卡） | 232 |
| 蛋白質（公克） | 4.6 |
| 脂肪（公克） | 6.2 |
| 醣類（公克） | 39.6 |
| 膳食纖維（公克） | 3.4 |
| 菸鹼素（毫克） | 1.7 |
| 鐵（毫克） | 3.8 |
| 鋅（毫克） | 1.0 |

# 日式馬鈴薯可樂餅

 **食材**

馬鈴薯 400g、麵包粉 100g、蘿蔔乾 30g、玉米粒 20g、麵粉 10g、乾素肉末 5g。

## 調味料

食用油 5 大匙、美乃滋 10g。
(1) 鹽 0.5 小匙、奶油 10g、起司片 20g。
(2) 沾醬：番茄醬 1 大匙、水果醋 1 小匙、糖 1 小匙。

## 作法

1. 乾素肉末泡軟後取出用紙巾擦乾，再用少許油炒熟成金黃色。蘿蔔乾炒香備用。
2. 馬鈴薯切塊入電鍋蒸熟，加調味料①後攪成泥，加入素肉末、蘿蔔乾、玉米粒攪勻後製成扁圓狀可樂餅。
3. 將可樂餅整個抹上麵粉放涼後入冷凍庫冰鎮 10 分鐘，可保硬度。
4. 取美乃滋拌少許水，調成稠水狀。取出可樂餅沾美乃滋醬後，再裹上麵包粉。
5. 油加熱至 170 度左右，入餅煎炸成金黃色後起鍋，準備吸油紙，吸除多餘油分。
6. 調味料②入鍋炒勻後裝盤，置於可樂餅旁當沾醬。

## 美味提醒

馬鈴薯須蒸兩次，第一次蓋鍋蓋，外鍋加 1.5 杯水，蒸到電鍋開關跳起；蒸第二次時不蓋鍋蓋，外鍋加 1/4 杯水再蒸約 5 分鐘（內鍋皆不加水），可保持馬鈴薯塊乾、鬆，不含水氣。（番薯、南瓜等，皆可如此蒸熟）

| 營養分析（1 人份） | |
| --- | --- |
| 熱量（大卡） | 282 |
| 蛋白質（公克） | 5.3 |
| 脂肪（公克） | 14.7 |
| 醣類（公克） | 32.1 |
| 膳食纖維（公克） | 1.9 |
| 菸鹼素（毫克） | 1.2 |
| 鐵（毫克） | 0.9 |
| 鋅（毫克） | 0.8 |

# 日式咖哩烏龍炒麵

6 人份

## 🍲 食材

烏龍麵（2 包）300g、紅蘿蔔 30g、青椒（1/2 顆）100g、牛蒡炸物 50g。

## 🧂 調味料

食用油 1 大匙、鹽 1 小匙、咖哩粉 2 小匙、薑黃粉 1/2 小匙、糖 1/2 小匙、水少許。

## 🥣 作法

1. 紅蘿蔔、青椒切條狀炒熟，加鹽調味備用。
2. 以乾鍋小火將咖哩粉、薑黃粉和糖炒香。
3. 炒好的咖哩粉加少許水調勻，入麵條炒透調味。
4. 最後將蔬菜拌入麵中，裝碗後放上牛蒡炸物即可。

## ☕ 美味提醒

1. 蔬菜最後放入，顏色較漂亮。
2. 咖哩粉加糖，可中和辣味。

| 營養分析（1 人份） | |
| --- | --- |
| 熱量（大卡） | 204 |
| 蛋白質（公克） | 5.3 |
| 脂肪（公克） | 4.2 |
| 醣類（公克） | 36.3 |
| 膳食纖維（公克） | 2.2 |
| 菸鹼素（毫克） | 0.7 |
| 鐵（毫克） | 1.6 |
| 鋅（毫克） | 0.5 |

# 韓式蔬食拌飯

6 人份

## 🥘 食材

高麗菜 150g、黃豆芽 100g、紅蘿蔔 50g、黑木耳 50g、乾海帶芽 5g、小黃瓜（去籽）50g、豆皮 50g、飯 6 人份、海苔絲少許。

## 🧂 調味料

(1) 食用油 1 大匙、鹽 2 小匙、味醂 2 大匙、香油少許、韓國辣椒粉少許。
(2) 製作拌醬：紅番茄 1 個 150g、韓國辣椒粉 2 大匙、糖、油少許。

## 🥣 作法

1. 高麗菜切細條拌少許鹽後，以冷開水沖去鹽分，加入味醂（其甜味能引出食材原味）、韓國辣椒粉調味醃製。
2. 黃豆芽洗淨後快速用乾鍋拌炒，飄香後加水煮熟，取出待涼。之後加少許鹽、味醂、辣椒粉調味醃製。
3. 紅蘿蔔切細條拌少許鹽，稍後汆燙待涼。黑木耳切細條汆燙後放涼。
4. 將乾的海帶芽泡軟，以冷開水沖淨，加點香油拌勻，增添香氣。
5. 小黃瓜切絲拌少許鹽後，以冷開水沖淨。
6. 豆包切絲後用少許油快速炒香。
7. 製作醬汁：紅番茄過熱水汆燙，去皮後放入果汁機打成汁。入油鍋（少油）炒熱後，加入適量韓國辣椒粉、少許糖，拌炒出香味。
8. 將以上食材排列於飯上，食用前再淋上醬汁，灑上少許海苔絲，拌勻即可食用。

## ☕ 美味提醒

可用炒豆包的油鍋炒香番茄醬汁，不須再加油。

| 營養分析（1 人份） | |
| --- | --- |
| 熱量（大卡） | 368 |
| 蛋白質（公克） | 10.6 |
| 脂肪（公克） | 4.8 |
| 醣類（公克） | 70.6 |
| 膳食纖維（公克） | 5.3 |
| 菸鹼素（毫克） | 2.0 |
| 鐵（毫克） | 3.0 |
| 鋅（毫克） | 1.6 |

| 營養分析（1 人份） | |
| --- | --- |
| 熱量（大卡） | 38 |
| 蛋白質（公克） | 2.9 |
| 脂肪（公克） | 1.3 |
| 醣類（公克） | 3.7 |
| 膳食纖維（公克） | 2.2 |
| 菸鹼素（毫克） | 0.4 |
| 鐵（毫克） | 0.5 |
| 鋅（毫克） | 0.3 |

# 韓式泡菜

6 人份

## 🍲 食材

大白菜 300g、黃豆芽 150g、紅蘿蔔 50g、小黃瓜（去籽）30g、乾黑木耳 5g。

## 🧂 調味料

醬油 1 小匙、鹽 1/2 小匙、韓國辣椒粉 2 大匙、蜂蜜 1 小匙、香油 1/2 小匙。

## 🥣 作法

1. 紅蘿蔔和小黃瓜洗淨後，分別切條狀拌少許鹽約 5 分鐘後，快速汆燙，再用冷開水沖涼。

2. 黑木耳泡水，大白菜葉與硬梗切段，分別快速汆燙後沖涼。

3. 黃豆芽洗淨，乾鍋炒香後，加水煮熟取出待涼。

4. 取一鍋，將所有食材混合，再入醬油、鹽、韓國辣椒粉、蜂蜜拌勻，靜置冰箱待入味。

5. 食用時，再淋少許香油。

## ☕ 美味提醒

1. 大白菜葉與硬梗分開汆燙可保熟度一致。

2. 醃製產生的珍貴泡菜湯汁，可留下來當高湯煮麵或煮火鍋。

# 樂齡料理

樂齡族，該如何吃進營養？
好咀嚼、無負擔，食材不要單一，
小吃手法加入健康，吃巧又吃好！

# 木棉紫茄片

6 人份

## 🍲 食材

紫茄 300g、柳松菇 80g、萵苣 150g、辣椒少許。

## 🧂 調味料

椰子油 1 大匙、醬油 2 小匙、醬油膏 1 小匙。

## 🥣 作法

1. 紫茄洗淨去皮切厚片,乾鍋煎香後,淋上椰子油。
2. 柳松菇洗淨後,入鍋一起煎,將醬油、醬油膏拌勻淋上。
3. 萵苣洗淨後濾乾,擺盤墊底後放入煎香的紫茄片、柳松菇及辣椒點綴即可。

## ☕ 美味提醒

紫茄淋上少許椰子油,入口時能品嘗到椰子油的特殊香氣。

| 營養分析（1 人份） | |
| --- | --- |
| 熱量（大卡） | 50 |
| 蛋白質（公克） | 1.6 |
| 脂肪（公克） | 2.9 |
| 醣類（公克） | 4.6 |
| 膳食纖維（公克） | 2.0 |
| 菸鹼素（毫克） | 1.4 |
| 鐵（毫克） | 0.5 |
| 鋅（毫克） | 0.4 |

# 蘿蔔燴百頁捲

5 人份

 **食材**

白蘿蔔 300g、油豆腐 150g、百頁捲 120g、乾金針 10g、薑末 10g、銀耳醬 20g。

| 營養分析（1 人份） | |
| --- | --- |
| 熱量（大卡） | 110 |
| 蛋白質（公克） | 7.8 |
| 脂肪（公克） | 5.9 |
| 醣類（公克） | 6.4 |
| 膳食纖維（公克） | 2.2 |
| 菸鹼素（毫克） | 1.2 |
| 鐵（毫克） | 1.6 |
| 鋅（毫克） | 1.0 |

## 調味料

食用油 1 小匙、醬油 1 小匙、鹽 0.5 小匙。

## 作法

1. 乾金針泡水 30 分鐘，洗淨後打結，汆燙備用。
2. 油豆腐洗淨汆燙後切三角形。
3. 白蘿蔔洗淨後去皮切塊，入電鍋蒸軟（內鍋加水淹過白蘿蔔），百頁捲置蒸盤上，與白蘿蔔一同蒸熟（外鍋加 1 杯半的水）。
4. 取出蒸透的百頁捲，切段備用。
5. 乾鍋入薑末煎香去濕氣，加食用油製成薑油；入蘿蔔塊及少許水等食材煮滾，加銀耳醬當芡汁，最後加醬油及鹽調味。

## 美味提醒

1. 銀耳醬製法：以適量水蓋過白木耳，用電鍋蒸軟（外鍋加 1 杯半的水）。若蒸煮後白木耳口感仍脆，可置於電鍋內保溫一晚，若想吃更軟的口感，隔天再用電鍋蒸第二次。蒸軟後用果汁機打碎即成銀耳醬，以此代替太白粉水芶芡，更營養且口感更好。
2. 金針打結煮，形狀佳、口感好。
3. 百頁捲可自行製作或到素料行購買。若要自製，可用百頁（又稱千張）打底，內包餡料（豆包切碎炒香菇調味），再捲成圓筒狀。

# 雪裡紅燴豆腐

👫👫👫 5人份

## 🍲 食材

雪裡紅 300g、豆腐 300g、毛豆 70g、薑末 10g。

## 🧂 調味料

橄欖油 2 大匙、鹽少許、醬油 1 小匙、香油 1 小匙。

## 🥣 作法

1. 豆腐切丁、雪裡紅洗淨切細小段備用。
2. 在水中加一點油汆燙雪裡紅，撈起雪裡紅，再汆燙毛豆。
3. 乾鍋入薑末煎香去濕氣，加橄欖油將薑煨出香味製成薑油，再炒香雪裡紅及毛豆，之後加少許熱水，加鹽及香油調味。
4. 將雪裡紅及毛豆起鍋裝盤，留下湯汁煮豆腐。
5. 豆腐煮滾後淋上醬油，起鍋置於綠蔬上，擺盤較好看，食用時拌勻即可。

## ☕ 美味提醒

1. 為防止雪裡紅葉子糾纏不斷，可將雪裡紅葉子攤開，先切直刀再橫切小段。
2. 煮豆腐時用鍋鏟背推豆腐，可保豆腐丁完整漂亮。

| 營養分析（1 人份） | |
| --- | --- |
| 熱量（大卡） | 154 |
| 蛋白質（公克） | 8.4 |
| 脂肪（公克） | 9.7 |
| 醣類（公克） | 8.3 |
| 膳食纖維（公克） | 2.4 |
| 菸鹼素（毫克） | 0.5 |
| 鐵（毫克） | 2.2 |
| 鋅（毫克） | 1.3 |

# 木耳絲塔香麵線

 **食材**

紅麵線 600g、金針菇 200g、炸豆腸 150g、黑木耳絲 100g、紅蘿蔔絲 50g、素火腿絲 50g、九層塔數葉。

**調味料**

(1) 水 2000cc、食用油 1 大匙、鹽 1 小匙、滷包 1 個、沙茶醬適量。
(2) 勾芡粉：太白粉、地瓜粉、糯米粉（各 2 大匙）。

**作法**

1. 滷包加 2000cc 水煮 5 分鐘後，將滷包撈起。
2. 金針菇去尾後洗淨，對切一半，撕成絲。
3. 炸豆腸剪成 2 公分短段，紅麵線汆燙後備用。
4. 用油炒香素火腿絲後，加入黑木耳絲及紅蘿蔔絲，入滷包湯汁，再入紅麵線及其他配料拌勻後加鹽調味，將勾芡粉用水調勻倒入鍋內勾芡。
5. 食用時依個人喜好加入沙茶醬及九層塔即可享用。

**美味提醒**

1. 太白粉、地瓜粉、糯米粉依 1：1：1 的比率製成特調勾芡粉，能使麵線放涼後不易變稀。
2. 可善用滷包煮高湯增添香味。

| 營養分析（1 人份） | |
| --- | --- |
| 熱量（大卡） | 346 |
| 蛋白質（公克） | 11.0 |
| 脂肪（公克） | 9.5 |
| 醣類（公克） | 54.0 |
| 膳食纖維（公克） | 3.7 |
| 菸鹼素（毫克） | 2.0 |
| 鐵（毫克） | 2.3 |
| 鋅（毫克） | 1.0 |

# 醬味喜菇綠蔬

👤👤👤👤👤
6 人份

## 🍲 食材

火鍋豆皮 300g、芥菜 300g、鴻喜菇 150g、辣椒少許。

## 🧂 調味料

豆瓣醬 1 大匙、鹽 1/2 小匙。

## 🥣 作法

1. 將火鍋豆皮用熱水泡軟後，放入鍋中汆燙，去油後濾乾切小段。
2. 芥菜梗汆燙後，切段備用。
3. 用乾鍋炒香鴻喜菇後，加入其它食材拌炒，調味後即可上桌。

## ☕ 美味提醒

鮮菇不宜泡水洗，用擦的即可。

| 營養分析（1 人份） | |
| --- | --- |
| 熱量（大卡） | 131 |
| 蛋白質（公克） | 15.4 |
| 脂肪（公克） | 5.0 |
| 醣類（公克） | 6.1 |
| 膳食纖維（公克） | 2.0 |
| 菸鹼素（毫克） | 2.0 |
| 鐵（毫克） | 3.3 |
| 鋅（毫克） | 1.6 |

芋香粥

##  食材

芋頭 1 個 600g、高麗菜 150g、紅蘿蔔 50g、芹菜 2 枝 20g、火鍋豆皮 20g、生米 3 杯。

| 營養分析（1人份） | |
| --- | --- |
| 熱量（大卡） | 305 |
| 蛋白質（公克） | 7.5 |
| 脂肪（公克） | 5.5 |
| 醣類（公克） | 67.9 |
| 膳食纖維（公克） | 2.4 |
| 菸鹼素（毫克） | 1.2 |
| 鐵（毫克） | 1.1 |
| 鋅（毫克） | 2.5 |

## 調味料

食用油 2 大匙、醬油少許、鹽 1 小匙、白胡椒粉適量、香油 1/2 小匙。

## 作法

1. 芋頭切 1 公分方丁、高麗菜切短段。
2. 火鍋豆皮用熱水燙過後沖淨切片、紅蘿蔔切短絲、芹菜切末。
3. 用油煎香芋頭，再加高麗菜、紅蘿蔔拌炒，最後沿鍋邊淋少許醬油調味後盛起備用。
4. 另取一鍋，生米洗好先入鍋翻炒，邊炒邊慢慢加少許水。加水拌炒的過程約重複 3 ～ 4 次，剛開始時用大火，並不停攪拌以免沾鍋；直到生米糊化，再加大量水煮（生米與水的比例是 1：10）；煮到快滾時轉中小火，以免湯汁溢出。
5. 煮至 7 分熟後入芋頭等食材，等到米粒軟化，再加鹽、白胡椒粉調味，先靜置一會讓米粒吸收湯汁，上桌前撒上芹菜末、香油即可享用。

## 美味提醒

隔夜飯可裝袋入冷凍庫保存，取代生米來煮粥，一樣可口。

# 脆瓜蒸豆腐

7 人份

## 🍲 食材

青江菜 150g、板豆腐 150g、白豆乾（5 塊）150g、古早味醬瓜 100g、去皮荸薺（5 顆）80g、紅蘿蔔 50g、乾素肉末 25g、薑末 20g、芹菜末少許、蓮藕粉 10g。

## 🧂 調味料

食用油 2 大匙、醬油（膏）1 大匙、鹽 1/2 小匙、胡椒粉少許、五香 粉少許、香油 1/2 小匙。

## 🥣 作法

1. 板豆腐、白豆乾壓碎。醬瓜、去皮荸薺、紅蘿蔔切丁。
2. 青江菜汆燙後備用。蓮藕粉調少許水煮滾後加點鹽調味備用。
3. 乾鍋入薑末煎香去濕氣，加食用油製成薑油，再煎素肉末成金黃 色後，撈起放入大鍋中，加入醬瓜丁、所有食材（青江菜、芹菜 末除外）混合後調味，再撒上少許蓮藕粉拌勻。
4. 取一個有深度的盤子，在器皿內放張烹調用料理紙，抹少許油後 放入食材，用電鍋蒸熟（外鍋加 2 杯水）。
5. 豆腐蒸熟後反扣在瓷盤上，然後用青江菜圍邊，淋上煮好的蓮藕 芡汁，撒上芹菜末即可配粥食用。

 美味提醒

此道菜一定要加入古早味醬瓜和荸薺，才 能增添爽脆口感。

| 營養分析（1 人份） | |
| --- | --- |
| 熱量（大卡） | 141 |
| 蛋白質（公克） | 8.6 |
| 脂肪（公克） | 7.8 |
| 醣類（公克） | 9.1 |
| 膳食纖維（公克） | 1.9 |
| 菸鹼素（毫克） | 0.6 |
| 鐵（毫克） | 2.3 |
| 鋅（毫克） | 0.7 |

豆瓣醬炒百頁丁

 **食材**

百頁豆腐 100g、菜心 50g、紅辣椒少許。

**調味料**

食用油 2 大匙、豆瓣醬 1 大匙、糖少許。

 **作法**

1. 先將百頁豆腐對切,再切成方塊丁,並將菜心切成斜片。
2. 取一鍋倒入食用油,放入百頁豆腐塊煎熟,再入豆瓣醬炒香。可適時加入少許水,讓豆腐不會炒得太乾或湯汁太稠。
3. 最後加入菜心及辣椒、糖拌炒,炒熟後即可上桌。

**美味提醒**

喜歡重口味的人,可改放辣豆瓣醬;
若覺得豆瓣醬太鹹,可加少許糖調味。

| 營養分析(1 人份) | |
|---|---|
| 熱量(大卡) | 271 |
| 蛋白質(公克) | 8 |
| 脂肪(公克) | 24.2 |
| 醣類(公克) | 5.4 |
| 膳食纖維(公克) | 0.9 |
| 菸鹼素(毫克) | 0.4 |
| 鐵(毫克) | 1.4 |
| 鋅(毫克) | 0.6 |

# 香椿竹筍豆腐

👨‍👨‍👧‍👦‍👦‍👦
6 人份

## 🍲 食材

嫩豆腐 1 盒 300g、熟竹筍 1 支 100g、紅蘿蔔 30g、乾香菇 2 朵 10g、薑少許、芹菜丁少許。

## 🧂 調味料

鹽少許、醬油 1 小匙、香椿醬（含油）2 大匙、葛根粉 1 中匙。

## 🥣 作法

1. 將軟化的乾香菇、豆腐切丁備用。
2. 將熟竹筍、紅蘿蔔切丁汆燙備用。
3. 炒香醬油，加少許水後入香菇、熟竹筍、紅蘿蔔及豆腐丁後拌勻，再入香椿醬及鹽調味，並用葛根粉水勾芡裝盤，最後撒上芹菜丁。

### 軟化乾香菇祕訣

先以溫水將乾香菇洗淨 2 至 3 次，再將微濕的乾香菇放入塑膠袋密封約 2 至 3 小時即軟化，如此處理之乾香菇能保留香氣與口感，比直接泡水軟化的無味香菇好吃。

## ☕ 美味提醒

1. 煮豆腐時用鍋鏟背推豆腐，可保豆腐丁完整漂亮。
2. 用葛根粉代替太白粉，能攝取到較多的蛋白質。

### 營養分析（1 人份）

|  |  |
| --- | --- |
| 熱量（大卡） | 91 |
| 蛋白質（公克） | 4.9 |
| 脂肪（公克） | 5.1 |
| 醣類（公克） | 6.2 |
| 膳食纖維（公克） | 1.0 |
| 菸鹼素（毫克） | 0.4 |
| 鉀（毫克） | 179.8 |
| 鈣（毫克） | 86.2 |

# 香煎豆腐燴鮮菇

## 🍲 食材

板豆腐 2 塊 300g、綠椰花菜 150g、鮮香菇 4 朵 120g、葛根粉 1 大匙。

## 🧂 調味料

醬油 2 大匙、香油 1 小匙、鹽 1/2 小匙。

## 🥣 作法

1. 切下綠椰花菜的花朵，汆燙備用（水中加鹽，可保持青菜翠綠）。
2. 板豆腐切塊煎香後，加入切小塊的香菇繼續煎香，再調味及加少許水。
3. 葛根粉加水拌勻，加入鍋中勾芡，讓湯汁變稠包裹著食物，待湯汁煮滾，即可盛盤上桌。

## ☕ 美味提醒

板豆腐、葛根粉含有較多的蛋白質，在均衡飲食的原則下，適合想要補充蛋白質的素食者食用。

### 營養分析（1 人份）

|  |  |
| --- | --- |
| 熱量（大卡） | 99 |
| 蛋白質（公克） | 5.5 |
| 脂肪（公克） | 5.2 |
| 醣類（公克） | 7.5 |
| 膳食纖維（公克） | 1.4 |
| 菸鹼素（毫克） | 0.9 |
| 鐵（毫克） | 1.3 |
| 鋅（毫克） | 0.7 |

# 樹子燉豆包

👥👥👥👥👥👥
6 人份

## 🍲 食材

生豆包 5 片 280g、 醬製破布子 200g、熟花生 80g、薑末 5g。

## 🧂 調味料

醬油 1 小匙、胡麻油 1 小匙。

## 🥣 作法

1. 豆包切小丁備用。
2. 乾鍋入薑末煎去濕氣，加胡麻油煨出薑香製成薑油。
3. 用薑油炒豆包及熟花生，再入破布子拌炒，最後加少許水調味後放入電鍋（外鍋放 1 杯水），稍蒸入味即可食用。

| 營養分析（1 人份） | |
| --- | --- |
| 熱量（大卡） | 246 |
| 蛋白質（公克） | 14.7 |
| 脂肪（公克） | 13.5 |
| 醣類（公克） | 16.2 |
| 膳食纖維（公克） | 8 |
| 菸鹼素（毫克） | 0.8 |
| 鉀（毫克） | 234.8 |
| 鐵（毫克） | 5.7 |

# 蠔菇紅花蓮子豆腐

## 🍲 食材

嫩豆腐 1 盒 300g、蠔菇 70g、蓮子 50g、西藏紅花少許、葛根粉 2 小匙。

## 🧂 調味料

鹽 1/2 小匙。

## 🥣 作法

1. 豆腐切成塊狀，抹少許鹽，並挖一小洞嵌入蓮子。
2. 將豆腐在盤中擺放一圈，其餘蓮子放中央，入電鍋蒸熟（外鍋放 1 杯水）。
3. 取蠔菇黑帽部分，加少許水煮熟，並加入西藏紅花、鹽調味，再用葛根粉水勾芡，最後將湯汁淋在豆腐上即可上桌。

| 營養分析（1 人份） | |
| --- | --- |
| 熱量（大卡） | 81 |
| 蛋白質（公克） | 6.5 |
| 脂肪（公克） | 1.8 |
| 醣類（公克） | 9.7 |
| 膳食纖維（公克） | 1.3 |
| 菸鹼素（毫克） | 0.3 |
| 鐵（毫克） | 1.3 |
| 鋅（毫克） | 0.6 |

# 香椿炒糙米飯

 **食材**

糙米 2 杯、青椒 1 顆 100g、黃甜椒及紅甜椒各半個 100g。

**🌐 調味料**

香椿醬 2 大匙、鹽 1/2 小匙、食用油少許。

👫👫 4 人份

| 營養分析（1 人份） | |
| --- | --- |
| 熱量（大卡） | 380 |
| 蛋白質（公克） | 6.7 |
| 脂肪（公克） | 11.2 |
| 醣類（公克） | 63.3 |
| 膳食纖維（公克） | 3.8 |
| 菸鹼素（毫克） | 5.1 |
| 鐵（毫克） | 0.9 |
| 鋅（毫克） | 1.7 |

**🥣 作法**

1. 糙米快速清洗 2 ～ 3 次，泡水一夜讓糙米吸足水分。
2. 煮糙米時，鍋內的水和糙米比率為 1.5：1，整鍋放到瓦斯爐上，煮滾後轉小火，並用筷子將鍋裡的米飯搓洞，以免鍋底的飯焦黑，煮約 20 分鐘至水乾即可熄火。
3. 取糙米入電鍋續煮，外鍋放水 1 杯。電鍋開關跳起後，以飯匙均勻翻動米飯後續燜 20 分鐘。
4. 將三色椒洗淨去籽後切丁，炒熟以鹽巴調味備用。
5. 油鍋入糙米及香椿醬炒勻，並以鹽巴調味，搭配三色椒裝盤即可食用。

**☕ 美味提醒**

1. 品嚐香椿最好的季節是春、夏兩季，口感最鮮嫩，將新鮮的香椿嫩葉撒在涼拌豆腐上，最能品嚐到香椿獨特的氣味，用香椿製成的香椿醬，可用來拌飯、拌麵或做沙拉。
2. 如怕麻煩，糙米可直接入電鍋蒸煮，但口感不一樣，先用瓦斯爐煮過的口感更粒粒分明。

**🥣 DIY 香椿醬**（300g）

食材：新鮮香椿葉 150g、橄欖油 200cc。
作法：1. 香椿葉洗淨擦乾去梗後，切細末再加少許鹽。
　　　2. 冷橄欖油入鍋，加入香椿末，小火慢煮 2 分鐘。
　　　3. 起鍋後，待涼裝罐置冰箱。

**小提醒**

如果香椿醬做較多，可入冷凍庫，約可保存 1 年。若冷藏，一陣子後顏色變深屬正常現象。

# 福菜白玉苦瓜

10 人份

## 🍲 食材

冬瓜 300g、苦瓜 300g、大白菜 300g、筍絲 150g、福菜 70g、猴頭菇 60g、香菜少許。

## 🧂 調味料

滷包 1 個、食用油 3 大匙、鹽 1/2 小匙。

## 🥣 作法

1. 滷包加水煮成湯汁備用。
2. 冬瓜、苦瓜切大塊入油鍋稍煎香。
3. 大白菜對切大片，猴頭菇切片。
4. 筍絲洗淨汆燙後撈起，再沖水去鹹味。
5. 福菜泡水洗淨後，切小段入油鍋炒香，加入筍絲、猴頭菇及滷包湯汁煮出香味後，加鹽調味。
6. 將冬瓜、苦瓜置蒸鍋底層，後放上大白菜，最上層覆蓋福菜、筍絲、猴頭菇及湯汁，入電鍋蒸透（外鍋加 2 杯水）。
7. 裝盤後撒上少許香菜點綴。

### ☕ 美味提醒

1. 福菜、筍絲皆有鹹味，要泡水避免過鹹。
2. 筍絲可取較脆的部分，可提升整道菜口感。
3. 猴頭菇可用已調味的真空包裝。
4. 若要食材更軟，作法 6 電鍋開關跳起後，外鍋可再加 1 杯水蒸一次。

| 營養分析（1 人份） | |
|---|---|
| 熱量（大卡） | 97 |
| 蛋白質（公克） | 1.4 |
| 脂肪（公克） | 8.4 |
| 醣類（公克） | 3.8 |
| 膳食纖維（公克） | 2.0 |
| 菸鹼素（毫克） | 0.5 |
| 鐵（毫克） | 0.5 |
| 鋅（毫克） | 0.2 |

| 營養分析（1人份） | |
|---|---|
| 熱量（大卡） | 131 |
| 蛋白質（公克） | 6.7 |
| 脂肪（公克） | 8.2 |
| 醣類（公克） | 7.3 |
| 膳食纖維（公克） | 1.1 |
| 菸鹼素（毫克） | 0.9 |
| 鉀（毫克） | 237.4 |
| 鈣（毫克） | 111.4 |

# 鐵板洋菇豆腐

6人份

### 🍲 食材

板豆腐 2 塊 400g、洋菇 100g、竹筍片 50g、紅蘿蔔片 30g、四季豆 20g。

### 🧂 調味料

醬油 1 大匙、香油 1 小匙、葛根粉 1 小匙。

### 🥣 作法

1. 板豆腐切片煎成金黃色。

2. 將洋菇洗淨切片、四季豆切段備用。

3. 拌炒竹筍片、紅蘿蔔片、洋菇片及四季豆，放入煎過的豆腐，以醬油調味，最後以葛根粉水稍勾芡。

4. 起鍋置於已預熱之鐵板盤上即可上桌。

### ☕ 美味提醒

葛根粉可用太白粉或蓮藕粉代替。

# 涼拌輕食

輕食是熱量低的小餐,適合做下午茶。
假日,想為自己和家人安排不一樣的午後時光?
香烤栗子南瓜、味噌蜂蜜美白菇及芥末涼拌海珊瑚等,
給你不一樣的輕食想像。

# 香烤栗子南瓜

👥👥👥👥👥👥
6 人份

## 🍲 食材

栗子南瓜 300g、綠椰花 200g。

## 🧂 調味料

客家桔醬 1 大匙、蜂蜜 2 大匙。

## 🥣 作法

1. 將綠椰花洗淨後切小朵氽燙，氽燙水中可加少許鹽、油調味，撈起綠椰花後，入冷開水漂涼。
2. 栗子南瓜洗淨去籽後切片。
3. 在烤箱的烤盤上抹少許油，之後置上南瓜烤熟。
4. 南瓜烤熟後，切面抹上蜂蜜客家桔醬，即可與綠椰花擺盤食用。

## ☕ 美味提醒

1. 此道菜可用一般家用小烤箱操作，若一次無法烤熟，適當翻面再烤一次。可將南瓜片切得比示範圖更薄，但要縮短烘烤時間，以免烤焦。
2. 醬汁調味隨個人喜好，甜鹹度自行增減。

| 營養分析（1 人份） | |
| --- | --- |
| 熱量（大卡） | 54 |
| 蛋白質（公克） | 2.7 |
| 脂肪（公克） | 0.3 |
| 醣類（公克） | 9.9 |
| 膳食纖維（公克） | 1.8 |
| 菸鹼素（毫克） | 0.5 |
| 鐵（毫克） | 0.6 |
| 鋅（毫克） | 0.4 |

# 花椒辣油豆乾絲

👥👥👥👥👥👥
6 人份

🍲 **食材**

五香豆乾 2 塊 200g、黃櫛瓜 60g、綠鬚菜 60g、紅辣椒片少許。

🧂 **調味料**

鹽少許、香油數滴、花椒辣油 1 大匙。

🥣 **作法**

1. 黃櫛瓜切絲，沖熱水後濾乾放涼。
2. 五香豆乾切細絲，用熱水快速汆燙，再拌少許鹽及香油，待放涼再拌入黃櫛瓜絲。
3. 綠鬚菜洗淨、沖冷開水後濾乾裝盤，將黃櫛瓜、豆乾絲置入，點綴紅椒，並淋上花椒油即成。

☕ **美味提醒**

豆乾切絲質地細嫩，若要再加蔬菜，記得配較軟的食材，口感較一致。

| 營養分析（1 人份） | |
| --- | --- |
| 熱量（大卡） | 99 |
| 蛋白質（公克） | 6.8 |
| 脂肪（公克） | 6.7 |
| 醣類（公克） | 3.0 |
| 膳食纖維（公克） | 1.1 |
| 菸鹼素（毫克） | 0.2 |
| 鐵（毫克） | 2 |
| 鋅（毫克） | 0.8 |

**花椒辣油**

食　　材：花椒粒 3 大匙、食用油 300cc、麻油 2 大匙、韓國辣椒粉 1 大匙、匈牙利辣椒粉 1 大匙、甘草 2 片。

作　　法：冷油入花椒粒、甘草，小火慢煨至微微變色後離火，再加入兩種辣椒粉攪勻靜置一段時間，味道會慢慢釋出。

美味提醒：加入韓國及匈牙利辣椒粉，花椒辣油的色澤會更紅、更漂亮，風味也更佳。

| 營養分析（1 人份） | |
| --- | --- |
| 熱量（大卡） | 43 |
| 蛋白質（公克） | 1.9 |
| 脂肪（公克） | 1.9 |
| 醣類（公克） | 4.2 |
| 膳食纖維（公克） | 1.6 |
| 菸鹼素（毫克） | 0.4 |
| 鐵（毫克） | 1.8 |
| 鋅（毫克） | 0.4 |

# 菠菜佐芝麻醬

6 人份

🍲 **食材**

菠菜（半斤）300g。

🧂 **調味料**

芝麻醬 1 大匙、糖水 1 大匙、醬油 1
大匙、芝麻少許。

🥣 **作法**

1. 將菠菜洗淨汆燙後，以冷開水漂
   涼，再切段擺盤。
2. 將芝麻醬、糖水、醬油調勻後淋
   上，上面灑上芝麻裝飾即可。

# 芥末涼拌海珊瑚

##  食材

乾海珊瑚 10g、西芹絲 50g、紫高麗菜 50g、紅蘿蔔絲 10g。

## 調味料

芥末 1 大匙、美乃滋 1 大匙、蜂蜜 1 小匙。

## 作法

1. 乾海珊瑚洗淨後，用水泡 5～6 小時至完全膨脹（體積可發脹 6 倍），浸泡中可換水 2 次。
2. 泡開的海珊瑚以刀剪成適當長度，用冷開水洗一下後瀝乾水分。
3. 紅蘿蔔絲、西芹絲拌鹽軟化後，快速汆燙撈起沖冷開水瀝乾。
4. 紫高麗菜切細絲過冷開水。
5. 食材拌勻後，調勻醬汁淋上即可。

## 美味提醒

涼拌食物會直接入口，用冷開水沖洗後再食用，較衛生安全。

| 營養分析（1 人份） | |
|---|---|
| 熱量（大卡） | 31 |
| 蛋白質（公克） | 0.6 |
| 脂肪（公克） | 1.9 |
| 醣類（公克） | 2.8 |
| 膳食纖維（公克） | 0.8 |
| 菸鹼素（毫克） | 0.3 |
| 鐵（毫克） | 0.2 |
| 鋅（毫克） | 0.1 |

# 五味杏鮑菇捲

4 人份

## 🍲 食材

杏鮑菇 100g、小黃瓜 100g、薑 10g、太白粉少許。

## 🧂 調味料

番茄醬 2 大匙、糖 1/2 大匙、醬油 1 大匙、薑末 1 大匙、
白醋 1 大匙、烏醋 1 大匙、香油 1 小匙。

| 營養分析（1 人份） | |
| --- | --- |
| 熱量（大卡） | 53 |
| 蛋白質（公克） | 1.3 |
| 脂肪（公克） | 1.5 |
| 醣類（公克） | 8.7 |
| 膳食纖維（公克） | 1.1 |
| 菸鹼素（毫克） | 0.6 |
| 鐵（毫克） | 0.4 |
| 鋅（毫克） | 0.2 |

## 🍜 作法

1. 將杏鮑菇汆燙 7 ～ 8 分鐘後撈起待涼，再沿邊刨成長條薄片。
2. 將薄片捲成筒狀，用橡皮筋固定，沿圓筒邊，每 0.7 公分切成一段，切下的部分很像切段的花枝。

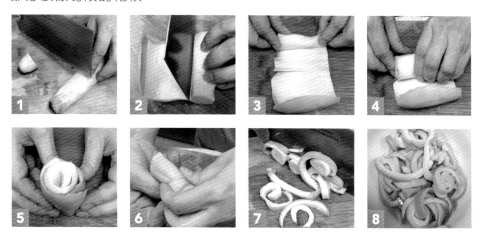

3. 小黃瓜切絲，撒鹽抓勻去澀味後，快速過熱水放涼。
4. 薑切細末，加所有調味料入鍋中煮，再用太白粉勾少許芡汁成稠狀，製成五味醬。
5. 杏鮑菇拌入小黃瓜絲後盛盤上桌，淋上醬汁即可食用。

# 芽菜拼盤

4 人份

## 食材

薏仁 50g、豌豆芽 50g、苜蓿芽 30g、黃豆芽 30g、紫高麗菜 20g、紅蘿蔔 20g、萵苣 15g。

## 調味料

橄欖油 2 大匙、果醋 2 中匙、蜂蜜 2 小匙、鹽 1 小匙、薑汁 1 大匙。

## 作法

1. 將薏仁洗好泡水 5 小時後,內鍋放入泡好的薏仁及適量的水(水蓋過薏仁即可),外鍋加上 2 杯水後,入電鍋煮熟待涼。
2. 紫高麗菜去硬梗切段、紅蘿蔔洗淨切條狀、黃豆芽洗淨,以上 3 樣食材入熱水快速汆燙。
3. 萵苣、苜蓿芽、豌豆芽洗淨後,過冷開水瀝乾。
4. 將食材擺盤,醬汁拌勻後淋上即可。

## 美味提醒

1. 涼拌食物會直接入口,用冷開水沖洗後再食用,較衛生安全。
2. 醬汁調味隨個人喜好,酸甜度自行增減。

### 營養分析(1 人份)

|  |  |
| --- | --- |
| 熱量(大卡) | 120 |
| 蛋白質(公克) | 2.2 |
| 脂肪(公克) | 8.2 |
| 醣類(公克) | 9.4 |
| 膳食纖維(公克) | 1.0 |
| 菸鹼素(毫克) | 0.3 |
| 鐵(毫克) | 1.4 |
| 鋅(毫克) | 0.3 |

# 味噌蜂蜜美白菇

1 人份

 **食材**

美白菇 50g、蘆筍 50g、紅色甜椒少許。

**調味料**

味噌 1 小匙、檸檬汁 1 小匙、蜂蜜 1 大匙。

**作法**

1. 洗淨食材後,將美白菇、蘆筍對切,紅椒切細條。
2. 美白菇和紅椒汆燙約 20 秒,取出瀝乾待涼。
3. 蘆筍用大火汆燙 20 秒後取出,淋上冷開水降溫後瀝乾。
4. 把美白菇、蘆筍和紅椒裝盤,淋上調勻的調味料即可食用。

 **美味提醒**

調味料可依喜好調整酸甜度。

| 營養分析（1 人份） | |
|---|---|
| 熱量（大卡） | 95 |
| 蛋白質（公克） | 2.3 |
| 脂肪（公克） | 0.3 |
| 醣類（公克） | 20.6 |
| 膳食纖維（公克） | 2.7 |
| 菸鹼素（毫克） | 3.4 |
| 鐵（毫克） | 1.6 |
| 鋅（毫克） | 0.7 |

# 牛蒡拌海帶絲

 **食材**

牛蒡 200g、乾海帶絲 100g、紅蘿蔔 50g。

**調味料**

玫瑰鹽 1 小匙、香油 1 小匙。

 **作法**

1. 牛蒡洗淨後去皮，先切薄片再切絲後汆燙待涼。
2. 乾海帶絲泡軟，用冷開水洗淨後切段。
3. 紅蘿蔔切絲後汆燙。
4. 以上食材加玫瑰鹽、香油拌勻，入冰箱冷藏，冰冰涼涼更好吃。

**美味提醒**

汆燙後的牛蒡水可當茶水喝或當高湯。

| 營養分析（1 人份） | |
| --- | --- |
| 熱量（大卡） | 102 |
| 蛋白質（公克） | 3.1 |
| 脂肪（公克） | 1.5 |
| 醣類（公克） | 19.3 |
| 膳食纖維（公克） | 8.6 |
| 菸鹼素（毫克） | 0.9 |
| 鐵（毫克） | 1.0 |
| 鋅（毫克） | 0.5 |

| 營養分析（1 人份） | |
| --- | --- |
| 熱量（大卡） | 51 |
| 蛋白質（公克） | 2.8 |
| 脂肪（公克） | 2.5 |
| 醣類（公克） | 10.9 |
| 膳食纖維（公克） | 3.7 |
| 菸鹼素（毫克） | 0.3 |
| 鉀（毫克） | 428.1 |
| 鐵（毫克） | 4.1 |

# 和風白玉

6 人份

 食材

日本山藥 250g、蒟蒻果凍 200g、荷蘭芹 2 片 180g、西瓜及紅椒丁少許。

調味料

淡醬油 10cc、綠芥末 5cc。

作法

1. 荷蘭芹切條汆燙後撈起冰鎮。
2. 山藥洗淨切條狀。
3. 果凍切塊置底層，放上西芹、山藥，沾調味料即可食用。

# *Chapter* 6
# 噴香辣味

傳統美食好滋味如何融入蔬食？
想要香氣、辣味四溢，如何煮才能兼顧健康？
乾鍋燉燒技巧，提味更開胃！

# 麻辣臭豆腐

👥👥👥👥👥👥👥👥
8 人份

## 🍲 食材

臭豆腐 600g、芹菜 200g、酸菜 50g、乾金針 20g、乾木耳 20g、四川榨菜 10g、辣椒 1 支 10g、薑絲 10g。

## 🧂 調味料

1. 醬油及醬油膏各 2 大匙、冰糖 1 大匙。
2. 花椒油：食用油 100cc、胡麻油 10cc、花椒粒 10g、八角 2 粒、甘草 1 片、辣椒粉 3 大匙。

## 🥣 作法

1. 臭豆腐洗淨後劃十字（易入味）。
2. 製花椒油，作法為：取 30cc 食用油加 10cc 胡麻油先入鍋，以低溫爆花椒粒、八角、甘草，3 分鐘後入辣椒粉後關火靜置半小時。
3. 乾金針泡水半小時，汆燙後沖水。
4. 乾木耳泡水至軟後洗淨，切適當塊狀。
5. 酸菜、榨菜洗淨後切條；辣椒洗淨後斜刀切段。
6. 乾鍋入薑絲煎香去濕氣，加食用油製成薑油，炒香酸菜、榨菜、金針、黑木耳、辣椒，之後入醬油及醬油膏促香，再加入熱水及冰糖等，煮開入臭豆腐及 20cc 花椒油。
7. 整道菜入電鍋燉煮（外鍋放 1 杯半的水），起鍋上桌前入芹菜段即可。

## ☕ 美味提醒

1. 花椒粒宜先沖水較不易焦，若花椒煮得焦黑易變苦。花椒油可放涼裝瓶，隨時可用，不用放冰箱。
2. 加冰糖除了綜合辣味，亦增加菜色亮度。

| 營養分析（1 人份） | |
| --- | --- |
| 熱量（大卡） | 169 |
| 蛋白質（公克） | 11.2 |
| 脂肪（公克） | 10.1 |
| 醣類（公克） | 7.6 |
| 膳食纖維（公克） | 2.7 |
| 菸鹼素（毫克） | 9.8 |
| 鐵（毫克） | 2.7 |
| 鋅（毫克） | 1.0 |

# 菜寶餘干

## 🍲 食材

蘿蔔乾 100g、素肉末 100g、蒟蒻絲 100g、紅辣椒末 10g、巴西利適量（擺盤用）。

## 🧂 調味料

醬油 1 小匙、胡椒粉 1 小匙、漬豆豉 2 大匙、食用油少許、醋少許。

## 🥣 作法

1. 素肉末泡水後洗淨，並擠掉水分備用。
2. 蘿蔔乾洗淨切丁，蒟蒻絲以醋水汆燙後洗淨切 1.5 公分細段。
3. 先以乾鍋拌炒去除蒟蒻絲的水分後，加入素肉末與食用油爆香，再入蘿蔔乾、紅辣椒末和漬豆豉拌炒，最後沿熱鍋邊淋上醬油促香，起鍋前加入胡椒粉即成。

| 營養分析（1 人份） | |
| --- | --- |
| 熱量（大卡） | 113 |
| 蛋白質（公克） | 5.3 |
| 脂肪（公克） | 6.4 |
| 醣類（公克） | 8.2 |
| 膳食纖維（公克） | 2.3 |
| 菸鹼素（毫克） | 0.1 |
| 鐵（毫克） | 1.9 |
| 鋅（毫克） | 0.4 |

# 五更腸旺

👥👥👥👥👥👥
6 人份

## 🍲 食材

麵腸 200g、智慧糕 50g、酸菜 20g、乾黑木耳 5g、鮮辣椒 1 支 10g。

 調味料

1. 食用油 2 大匙、麻油 1 大匙、花椒粒 1 小匙、五香粉 1 小匙、薑末 10g、乾辣椒 5g、鹽巴少許、滷包 1 個。
2. 醬油膏 1 大匙、冰糖 1 大匙、花椒粒 5g、辣豆瓣醬 2 大匙、甘草 1 片。

## 🥣 作法

1. 麵腸洗淨後剪成 3 ～ 5 公分段，由外往內翻轉，過熱油後瀝乾。
2. 酸菜洗淨後切斜片條狀、乾黑木耳泡軟切塊、智慧糕切塊、乾辣椒洗淨切片、鮮辣椒洗淨剖開配色備用。
3. 以滷包加水 400cc 煮成高湯備用。
4. 用冷鍋冷麻油爆花椒粒、五香粉、薑末、乾辣椒（花椒不可煮至焦黑，以免產生苦味），之後將調味料 2 倒入拌炒後加入高湯。
5. 高湯裡入所有食材煮透後，加鹽調味，再點綴鮮辣椒即可上桌。

### 智慧糕作法（3 人份）

材料：糯米 75g、糯米粉 25g、在來米粉 10g、海苔 1 張、水 30cc、不沾紙 1 張、鹽少許、胡麻油 2 滴。

作法：1. 糯米洗淨泡水 3 小時後瀝乾。海苔撕碎加水 30cc 拌勻。

2. 糯米、糯米粉、在來米粉拌勻後，加鹽、胡麻油及海苔水拌勻。

3. 用平底有深度的盤子鋪上不沾紙，在紙上抹少許油，倒入上一個做法的食材，再用湯匙沾點油抹平表面。

4. 入電鍋蒸（外鍋放 2 杯水，起鍋時用筷子插入不沾粘表示已蒸熟），待涼切塊，取 50g 加入五更腸旺，其餘可沾醬油膏、花生粉、香菜食用。

### 營養分析（1 人份）

| | |
|---|---|
| 熱量（大卡） | 165 |
| 蛋白質（公克） | 8.2 |
| 脂肪（公克） | 8.4 |
| 醣類（公克） | 14.0 |
| 膳食纖維（公克） | 1.1 |
| 菸鹼素（毫克） | 0.3 |
| 鐵（毫克） | 1.2 |
| 鋅（毫克） | 0.2 |

# 馬鈴薯燉麵輪

## 🍲 食材

馬鈴薯 2 粒 350g、紅蘿蔔 1 條 120g、乾麵輪 45g、辣椒 1 支 10g、
巴西利適量（擺盤用）。

## 🧂 調味料

醬油 1 大匙、醬油膏 1 大匙、八角 1 粒。

## 🥄 作法

1. 麵輪以熱水泡軟後洗淨。
2. 馬鈴薯、紅蘿蔔、紅辣椒均切大塊。
3. 用低油溫爆香八角後，入食材翻炒，
   再沿熱鍋邊淋上醬油及醬油膏拌炒，
   接著加水成汁，悶煮入味即可。

| 營養分析（1 人份） | |
| --- | --- |
| 熱量（大卡） | 123 |
| 蛋白質（公克） | 5.5 |
| 脂肪（公克） | 5.7 |
| 醣類（公克） | 12.2 |
| 膳食纖維（公克） | 1.5 |
| 菸鹼素（毫克） | 1.1 |
| 鉀（毫克） | 257.5 |
| 鐵（毫克） | 0.7 |

# 梅乾燒蒟蒻冬瓜

👥👥👥👥👥
6 人份

## 🍲 食材

冬瓜 200g、蒟蒻條 100g、梅乾菜 50g、嫩薑 10g、紅辣椒 1 支 10g、巴西利適量（擺盤用）。

## 🧂 調味料

食用油 2 大匙、醬油 1 大匙、白醋 1 大匙、鹽 1/2 小匙、冰糖 1/2 小匙。

## 🥣 作法

1. 梅乾菜洗淨切細末，冬瓜洗淨去皮去籽切大塊。
2. 蒟蒻條以醋水汆燙後洗淨，紅辣椒切片。
3. 薑切細末入乾鍋用小火煎去濕氣後，入食用油、梅乾菜炒香，沿熱鍋邊淋上醬油拌炒，再加少許熱水，放入冬瓜、蒟蒻條燉煮。
4. 待食材煮透後，以鹽、冰糖、少許白醋調味，起鍋前放入紅辣椒片拌炒即成。

## ☕ 美味提醒

1. 麻花蒟蒻作法：在蒟蒻條中間切一刀後（不要切斷），將另一端蒟蒻穿過中間的開口，即成麻花狀。
2. 冰糖除了調味，還可增添菜餚光澤。

| 營養分析（1 人份） | |
| --- | --- |
| 熱量（大卡） | 64 |
| 蛋白質（公克） | 0.7 |
| 脂肪（公克） | 5.1 |
| 醣類（公克） | 3.7 |
| 膳食纖維（公克） | 1.4 |
| 菸鹼素（毫克） | 0.2 |
| 鐵（毫克） | 1.3 |
| 鋅（毫克） | 0.1 |

| 營養分析（1 人份） | |
| --- | --- |
| 熱量（大卡） | 37 |
| 蛋白質（公克） | 0.7 |
| 脂肪（公克） | 2.7 |
| 醣類（公克） | 2.6 |
| 膳食纖維（公克） | 1.9 |
| 菸鹼素（毫克） | 0.3 |
| 鐵（毫克） | 0.6 |
| 鋅（毫克） | 0.1 |

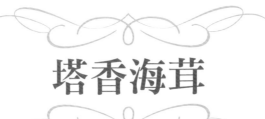

# 塔香海茸

6 人份

 **食材**

乾海茸頭 100g、九層塔 50g、
薑 10g、辣椒 1 支 10g。

**調味料**

油 1 大匙、醬油 1/2 小匙、鹽 1/2 小匙、
烏醋 1 大匙。

**作法**

1. 將乾海茸頭泡水約 2 至 3 小時，
   泡軟後洗淨濾乾。

2. 將九層塔洗淨、紅辣椒切成輪狀、
   薑切成細末。

3. 用少許油爆香薑末，放入海茸頭
   拌炒，最後入九層塔、紅辣椒炒
   勻，並依喜好倒入適量醬油和烏
   醋調味。

 **美味提醒**

海茸頭是生長於海礁石上的藻類，富
含藻聚醣、黏滑性的可溶性纖維、維
生素及礦物質！泡水後因形狀與口感
類似螺肉，又稱為「素螺肉」。

# 繽紛鮮蔬

蔬菜多樣組合，五彩繽紛好可口。
山蘇炒破布子、彩椒寶盒及什錦香鬆等，
炒出愛家好味道。

# 彩椒寶盒

10 人份

## 食材

甜黃椒 1 顆 200g、甜紅椒 1 顆 200g、青椒 1 顆 100g、馬鈴薯 150g、鮮黃玉米粒 100g、巴西利少許（擺盤用）。

## 調味料

橄欖油 1 小匙、鹽 1 小匙。

## 作法

1. 將彩椒、青椒洗淨，將有蒂的上半 1/3 切下，然後挖空下方的 2/3 內部當器皿。
2. 燒開水入鹽、油，快速汆燙彩椒器皿。
3. 取下的 1/3 彩椒，再切下少許，將切下的部分切成丁塊汆燙。
4. 馬鈴薯洗淨切丁後，以橄欖油炒香馬鈴薯、玉米粒，最後入彩椒丁拌炒，再以鹽調味。
5. 將炒好的食材裝入彩椒器皿，最後用巴西利或香菜裝飾即可。

## 美味提醒

彩椒中的食材可用其它菜餚剩餘的零星食材替換，如荸薺、山藥、紅蘿蔔，切丁後加入彩椒，就多一道料理。

營養分析（1 人份）

| | |
|---|---|
| 熱量（大卡） | 61.8 |
| 蛋白質（公克） | 1.0 |
| 脂肪（公克） | 3.2 |
| 醣類（公克） | 7.2 |
| 膳食纖維（公克） | 1.5 |
| 菸鹼素（毫克） | 0.7 |
| 鐵（毫克） | 0.3 |
| 鋅（毫克） | 0.3 |

# 五彩繽紛

5 人份

## 🍲 食材

新鮮百合 100g、白花椰菜 100g、綠花椰菜 100g、綠金針花 30g、
紅甜椒 50g、乾黑木耳 7g。

## 🧂 調味料

鹽 1 小匙、橄欖油 1.5 大匙。

## 🍵 作法

1. 乾黑木耳泡軟切小塊，花椰菜洗淨切成一朵朵。
2. 紅甜椒洗淨切斜塊、百合洗好剝一片片。
3. 除了百合外，其餘食材皆個別汆燙（水中加少許油、鹽）後撈起。
4. 最後將所有食材快速入鍋炒香，並加鹽調味後起鍋。

## ☕ 美味提醒

1. 食材不同要個別汆燙，以免熟度不一。
   事先汆燙可避免快炒時在鍋中炒過久，
   可保持色澤及鮮度。
2. 百合入鍋時間短，口感較鮮脆，入鍋時
   間長則會變軟，可視喜好調整口感。煮
   粥或燉湯時，也可加入百合，煮得較軟
   的口感適合年長者。

| 營養分析（1 人份） | |
| --- | --- |
| 熱量（大卡） | 78 |
| 蛋白質（公克） | 2.3 |
| 脂肪（公克） | 4.7 |
| 醣類（公克） | 6.8 |
| 膳食纖維（公克） | 1.5 |
| 菸鹼素（毫克） | 0.3 |
| 鐵（毫克） | 0.3 |
| 鋅（毫克） | 0.2 |

# 山蘇炒破布子

4 人份

##  食材

山蘇 300g、嫩薑絲 10g。

## 調味料

醃漬破布子 2 大匙、橄欖油 1 大匙、鹽少許。

## 作法

1. 市售的新鮮山蘇常以一邊嫩芽、一邊硬梗的方式排列成綑販售，清洗時盡量維持原有方向。
2. 取一鍋，將水煮開，手握山蘇嫩芽處，先讓下方硬梗入熱水汆燙 30 秒後，再將整個山蘇壓入熱水中汆燙，可避免嫩芽處過熟（水中加少許鹽、油，可保持山蘇翠綠）。
3. 撈出山蘇，切段備用。
4. 嫩薑絲入乾鍋，用小火乾煎去除水分，隨後入橄欖油炒香破布子（此時可加入少許醃漬破布子湯汁），最後入山蘇拌炒，再加鹽調味，即可上桌。

| 營養分析（1 人份） | |
| --- | --- |
| 熱量（大卡） | 64 |
| 蛋白質（公克） | 2.7 |
| 脂肪（公克） | 5.0 |
| 醣類（公克） | 2.1 |
| 膳食纖維（公克） | 2.7 |
| 菸鹼素（毫克） | 1.8 |
| 鐵（毫克） | 1.4 |
| 鋅（毫克） | 0.6 |

# 皇帝豆燒百頁結

6 人份

## 食材

皇帝豆 300g（半台斤）、百頁結 200g、玉米筍 3 支、紅蘿蔔 20g、嫩薑 10g、紅辣椒 1 支（約 10g）。

## 調味料

橄欖油 1 大匙、鹽 1/2 小匙。

## 作法

1. 將百頁結先汆燙、玉米筍洗淨切段、紅蘿蔔洗淨後切片備用。
2. 嫩薑切末入乾鍋，煎去濕氣後，入橄欖油略煎。
3. 鍋中加少許水，接著入所有食材拌炒，蓋上鍋蓋，燜透後以鹽調味，盛盤時再點綴紅辣椒段即可上桌。

## 美味提醒

建議購買已泡過小蘇打水的百頁結。若購買乾燥的百頁，料理前需先泡開，可加冷水蓋過表面，15 張百頁約加 1 小匙小蘇打粉，以小火加熱，當百頁從黃色變成白色，並軟化到喜好的軟度，即可撈起以冷水沖洗至沒有黏滑感再料理。如要給年長者食用，可泡軟些，再汆燙。

| 營養分析（1 人份） | |
| --- | --- |
| 熱量（大卡） | 155 |
| 蛋白質（公克） | 9.0 |
| 脂肪（公克） | 0.8 |
| 醣類（公克） | 10.8 |
| 膳食纖維（公克） | 3.0 |
| 菸鹼素（毫克） | 0.4 |
| 鐵（毫克） | 7.8 |
| 鋅（毫克） | 0.9 |

# 甜豆炒鴻喜菇

## 🍲 食材

甜豆（半斤）300g、鴻喜菇 70g、黃甜椒 50g、嫩薑 10g。

## 🧂 調味料

橄欖油 1 大匙、鹽 1/2 小匙。

## 🥣 作法

1. 將黃甜椒洗淨後切條，入水快速汆燙；鴻喜菇、甜豆清洗後備用。
2. 嫩薑切絲入乾鍋炒香去溼氣後，入橄欖油炒香甜豆，再入鴻喜菇及甜椒拌炒，最後以鹽調味即可。

## ☕ 美味提醒

清洗菇類時勿泡水，可用擦的方式清潔，菇類若含太多水分，會煮不出菇的香味。

| 營養分析（1 人份） | |
| --- | --- |
| 熱量（大卡） | 53 |
| 蛋白質（公克） | 2.1 |
| 脂肪（公克） | 2.7 |
| 醣類（公克） | 5.3 |
| 膳食纖維（公克） | 1.9 |
| 菸鹼素（毫克） | 7.0 |
| 鐵（毫克） | 4.4 |
| 鋅（毫克） | 0.4 |

# 雲耳炒金針

👤👤👤👤👤
5 人份

## 🍲 食材

酸菜 50g、乾黑木耳 30g、乾金針 10g、薑絲 10g。

## 🧂 調味料

食用油及香油少許、醬油、鹽、黑醋少許。

## 🥣 作法

1. 乾雲耳泡溫水後洗淨,去蒂頭過熱水。
2. 將乾金針泡水後打結,快速過熱水。
3. 薑及酸菜切絲備用。
4. 先用乾鍋「不加油」慢火將薑絲烘去水分,再加食用油及香油,慢慢煨出薑香味,製成薑油。
5. 用薑油炒酸菜絲,再入黑木耳炒香,最後加金針拌炒後調味,起鍋前再淋少許黑醋提香。

## ☕ 美味提醒

清洗菇類時勿泡水,可用擦的方式清潔,菇類若含太多水分,會煮不出菇的香味。

### 營養分析(1 人份)

|  |  |
| --- | --- |
| 熱量(大卡) | 67 |
| 蛋白質(公克) | 1.0 |
| 脂肪(公克) | 4.3 |
| 醣類(公克) | 6.2 |
| 膳食纖維(公克) | 4.6 |
| 菸鹼素(毫克) | 0.4 |
| 鉀(毫克) | 87.6 |
| 鐵(毫克) | 0.8 |

# 麻油蕈菇燴西生菜

12 人份

## 🍲 食材

西生菜 600g、大朵洋菇 300g、珊瑚菇 300 g、紅甜椒丁少許。

## 🧂 調味料

白醋 1 小匙、食用油 1 大匙、黑麻油 1 大匙、白麥汁 1/2 瓶、鹽 1/4 小匙。

## 🍲 作法

1. 西生菜洗淨後快速汆燙（汆燙水裡加少許油、鹽，可保翠綠），撈起後瀝乾擺盤。
2. 洋菇汆燙後（水裡加少許醋）撈起，在菇帽處 2/3 的地方滑 3 刀，再將菇帽放手掌心輕輕平壓成張開的腰花。
3. 乾鍋入洋菇、珊瑚菇炒去水分，再加少許食用油炒香，再入黑麻油、白麥汁、鹽拌炒入味裝盤，最後留一點湯汁將紅甜椒丁拌炒後，淋於蔬菜上裝飾。

## ☕ 美味提醒

1. 先用食用油炒香菇類，可避免黑麻油溫度過高破壞其養分及加太多黑麻油。
2. 配色用的少許紅甜椒丁，也可換成枸杞、紅蘿蔔丁等。

### 營養分析（1 人份）

| | |
|---|---|
| 熱量（大卡） | 49 |
| 蛋白質（公克） | 1.7 |
| 脂肪（公克） | 2.9 |
| 醣類（公克） | 4.0 |
| 膳食纖維（公克） | 1.5 |
| 菸鹼素（毫克） | 1.3 |
| 鐵（毫克） | 0.6 |
| 鋅（毫克） | 0.4 |

# 柳松菇銀芽炒水蓮

## 🍲 食材

水蓮 150g、薑絲 100g、柳松菇 50g、銀芽 30g。

## 🧂 調味料

橄欖油 1.5 小匙、鹽 1/2 小匙。

## 🥣 作法

1. 柳松菇洗淨後切成 2 段，水蓮洗淨後約 4 公分切一段，豆芽洗淨後去尾。
2. 汆燙水蓮，再汆燙柳松菇。
3. 乾鍋入薑絲拌炒去溼氣後，入橄欖油及食材炒香，加鹽調味即可起鍋。

## ☕ 美味提醒

1. 清洗柳松菇時勿泡水，應以流動的水快速沖洗；汆燙時間不宜過久，10 秒即可，口感才好。
2. 汆燙蔬菜時水中加油與少許鹽，可保食材翠綠油亮。

| 營養分析（1 人份） | |
|---|---|
| 熱量（大卡） | 90 |
| 蛋白質（公克） | 1.8 |
| 脂肪（公克） | 7.9 |
| 醣類（公克） | 3.6 |
| 膳食纖維（公克） | 1.6 |
| 菸鹼素（毫克） | 1.1 |
| 鐵（毫克） | 0.7 |
| 鋅（毫克） | 0.4 |

| 營養分析（1 人份） | |
| --- | --- |
| 熱量（大卡） | 117 |
| 蛋白質（公克） | 3.4 |
| 脂肪（公克） | 8.2 |
| 醣類（公克） | 7.3 |
| 膳食纖維（公克） | 1.7 |
| 菸鹼素（毫克） | 0.4 |
| 鉀（毫克） | 204.1 |
| 鐵（毫克） | 0.8 |

# 什錦香鬆

6 人份

 **食材**

萵苣 100g（6 葉）、紅蘿蔔 100g、素火腿 100g、熟筍 100g、荸薺 50g（3 粒）、西芹 50g、蘿蔔乾 30g、松子 10g、檸檬 1/2 顆。

**調味料**

鹽、白胡椒粉、太白粉少許（可換葛根粉）。

**作法**

1. 萵苣洗淨後，將每一葉剪成碗狀，再泡檸檬冰水備用。
2. 素火腿、熟筍、洗淨的紅蘿蔔、荸薺、西芹、蘿蔔乾等切成丁狀備用。
3. 以少許油，熱炒所有食材並調味，再加太白粉或葛根粉水芶芡。
4. 最後將食材盛入擦乾的萵苣葉裡，再撒上松子即可趁熱食用。

# Chapter 8
# 暖心湯品

蔬食入煲湯，如何才有味？
猴頭菇山藥養生盅、碧綠親子白玉羹及黃金蟲草黃耳湯等，
暖身暖心好養生。

# 麻辣酸白菜番茄湯

10 人份

## 食材

紅番茄 300g（約 100g 的 3 顆）、四方油豆腐 210g（70g 的 3 塊）、黃豆芽 200g、芹菜 150g、酸白菜 60g、薑絲 15g。

## 調味料

食用油 1 大匙、香麻油 1 小匙、鹽 1 小匙、花椒辣油 2 大匙、檸檬汁少許。

## 作法

1. 紅番茄洗淨切小塊、四方油豆腐汆燙後對切成三角型、酸白菜洗淨後切細條、芹菜切小段。
2. 乾鍋（不加油）炒香黃豆芽，待飄出豆香味後，加適量水煮成高湯。
3. 另取一乾鍋，用薑油炒香酸白菜條，之後入豆芽高湯煮出酸味，再加番茄塊、油豆腐及芹菜段，用鹽、花椒油、檸檬汁調味即可上桌。

## 美味提醒

1. 薑油作法：先用乾鍋「不加油」小火將薑絲烘去水分。待飄出薑香，再加食用油及少許香麻油，將薑慢慢煨出香味即成薑油。
2. 花椒油作法：取一鍋，冷鍋時入食用油及花椒，小火煎香後不停攪拌，避免花椒焦黑，待飄出香氣後關火，最後撈去花椒即成花椒油。
3. 此道菜加入檸檬汁添加酸味，會有淡淡果香。
4. 可隨喜好決定辣度與酸度。

| 營養分析（1 人份） | |
| --- | --- |
| 熱量（大卡） | 92 |
| 蛋白質（公克） | 4.6 |
| 脂肪（公克） | 67.0 |
| 醣類（公克） | 3.4 |
| 膳食纖維（公克） | 1.5 |
| 菸鹼素（毫克） | 0.5 |
| 鐵（毫克） | 1.0 |
| 鋅（毫克） | 0.5 |

# 猴頭菇山藥養生盅

## 食材

娃娃白菜 4 支 200g、猴頭菇 150g、山藥 150g、素鮑魚 1/2 個 75g、乾黃耳 20g。

## 調味料

肉骨藥膳包 1 包、鹽 1/2 小匙。

## 作法

1. 乾黃耳泡水後取朵狀部位。
2. 將素鮑魚、猴頭菇、洗淨去皮的山藥切成塊狀。
3. 肉骨藥膳包加適量水煮成湯汁後,加入以上食材、鹽,煮至入味。
4. 將娃娃白菜沖淨,對切後汆燙備用。
5. 取一大碗,先在邊緣整齊擺好娃娃白菜,最後倒入湯及食材。

## 美味提醒

1. 素鮑魚及猴頭菇可買已經處理過的真空包裝。
2. 黃耳不易取得,可用銀耳代替。
3. 若不希望藥膳味太濃,可水滾後先取出藥包,之後將放涼的藥包置於冷凍庫,待下次使用。

| 營養分析（1 人份） | |
| --- | --- |
| 熱量（大卡） | 40 |
| 蛋白質（公克） | 1.5 |
| 脂肪（公克） | 0.8 |
| 醣類（公克） | 6.6 |
| 膳食纖維（公克） | 2.2 |
| 菸鹼素（毫克） | 0.4 |
| 鐵（毫克） | 0.9 |
| 鋅（毫克） | 0.3 |

# 碧綠親子白玉羹

👥 6 人份

## 🍲 食材

地瓜葉 200g、地瓜 100g、豆腐 100g、薑末少許。

## 🧂 調味料

鹽 1/2 小匙、太白粉（葛根粉）1 小匙、香油少許。

## 🥣 作法

1. 將地瓜葉洗淨後汆燙。
2. 取地瓜葉較老的部分或梗部切段，再用果汁機打成濃汁；接著把剩下的嫩地瓜葉切成細丁。
3. 將地瓜去皮後切丁、嫩豆腐切小塊。
4. 薑末用少許油拌炒後，加水及地瓜丁，等到地瓜丁煮透後，再加豆腐丁、地瓜葉丁和地瓜葉濃汁一起熬煮。
5. 待豆腐丁和地瓜葉煮至軟爛，依喜好調味，用太白粉水或葛根粉水芶芡後即可食用。

## ☕ 美味提醒

1. 若還有剩餘的地瓜葉濃汁，可放入少許檸檬汁和蜂蜜攪拌，變成一杯清爽可口又健康營養的「蜂蜜檸檬蔬菜汁」。
2. 以葛根粉取代太白粉，能補充更多的蛋白質。

| 營養分析（1 人份） | |
| --- | --- |
| 熱量（大卡） | 65 |
| 蛋白質（公克） | 2.7 |
| 脂肪（公克） | 2.5 |
| 醣類（公克） | 7.9 |
| 膳食纖維（公克） | 1.5 |
| 菸鹼素（毫克） | 0.3 |
| 鐵（毫克） | 0.9 |
| 鋅（毫克） | 0.4 |

# 黃金蟲草黃耳湯

10 人份

## 🍲 食材

牛蒡 1 支 250g、大頭菜（無菁）1 顆去皮 200g、新鮮栗子 100g、荸薺 8 粒（去皮）100g、紅蘿蔔 50g、蒟蒻豆腐 200g、黃金蟲草 10g、乾燥黃耳 10g、巴西蘑菇 5g、榨菜 2～3 片。

## 🧂 調味料

白醋 1 大匙、鹽 1 小匙。

## 🥣 作法

1. 黃耳泡軟去蒂頭，切小朵備用，荸薺去皮對切，紅蘿蔔洗淨切塊。
2. 蒟蒻豆腐用醋水（水＋白醋）汆燙洗淨。
3. 牛蒡去皮斜切厚片，大頭菜去皮切塊備用。
4. 用一鍋水將牛蒡先煮 5 分熟後入大頭菜塊、紅蘿蔔塊、荸薺、巴西蘑菇、黃金蟲草及榨菜等，燉煮至九分熟後，入黃耳、栗子及蒟蒻豆腐再燉煮入味，上桌前以鹽調味。

## ☕ 美味提醒

1. 此湯加少許榨菜可提味，亦可用醬冬瓜等代替。
2. 鹽少量才可吃到食材多層次的原味。
3. 曬乾的黃耳較稀有，泡軟黃耳的水會有桂花香，可取來當湯汁，如無黃耳，可用黑木耳代替。
4. 建議使用新鮮荸薺，有自然甜味，勿買泡水荸薺。

| 營養分析（1 人份） | |
| --- | --- |
| 熱量（大卡） | 14 |
| 蛋白質（公克） | 1.2 |
| 脂肪（公克） | 0.3 |
| 醣類（公克） | 9.3 |
| 膳食纖維（公克） | 4.0 |
| 菸鹼素（毫克） | 0.3 |
| 鐵（毫克） | 1.0 |
| 鋅（毫克） | 0.4 |

# 腰果牛蒡丸子湯

**5 人份**

## 🍲 食材

牛蒡 300g、生腰果 50g、紅蘿蔔 100g、榨菜 2 片、素丸子 100g。

## 🧂 調味料

鹽 1 小匙、香麻油少許。

## 🥣 作法

1. 牛蒡去皮切塊與生腰果加水入電鍋燉至 7 分熟（外鍋加水 1.5 杯）。
2. 將榨菜片洗淨、紅蘿蔔洗淨削皮切塊，處理完後加入燉煮的湯裡，稍後入切塊的素丸子，整鍋移至瓦斯爐上煮滾。
3. 最後以鹽及香麻油調味。

## ☕ 美味提醒

煮湯時入少許榨菜片可提味。

| 營養分析（1 人份） | |
| --- | --- |
| 熱量（大卡） | 100 |
| 蛋白質（公克） | 4.3 |
| 脂肪（公克） | 6.1 |
| 醣類（公克） | 7.4 |
| 膳食纖維（公克） | 1.4 |
| 菸鹼素（毫克） | 0.7 |
| 鐵（毫克） | 1.2 |
| 鋅（毫克） | 0.7 |

# 有食力，無論什麼年齡都受用的「樂齡美食」！

文／葉雅馨（大家健康雜誌總編輯）

如果一本蔬食食譜書，能教你簡單入門，讓平時不太會做菜的人都能輕鬆上手，那《蔬食好料理》絕對可以！它在 2015 年 3 月由《大家健康》雜誌與黎華老師合作出版，成了該年度書店的暢銷書，至今仍有迴響，接續有不少讀者催促，會有第二本嗎？期待有不一樣的食譜可參考。

高齡化已是整個社會人口不變的趨勢，但市面上似乎少有適合給家裡長輩的食譜料理，所以在企劃這本《蔬食好料理 2》時，特別給了黎華新的任務，希望加入「樂齡料理」的元素，讓家有長輩的家庭也能享受蔬食的美味。

少油少鹽少糖是一般認為高齡飲食必要的規範，同時需克服咀嚼上的問題及分量要足夠。另有個關鍵就是飲食時的心情，往往限制東、限制西的過程，讓高齡者在用餐時產生許多顧忌，擔心這個不能吃、那個不能吃，變成只能吃某幾類，吃久了當然會膩、會煩！

有時，旁人不斷地提醒、要求等產生的叨念，也易阻斷影響長輩的食慾，所以在飲食上除了菜色、營養素，別忘了營造飲食的好心情。三不五時可和熟朋友、家人及鄰居相約吃個便飯，或相約來家裡一起吃，可以增加飲食的樂趣。

《蔬食好料理 2》從第一章開始，沿襲第一本的編輯方式，詳細舉例 3 道菜，讓讀者練習，培養興趣和創意。到了第二章開始陸續推出不同特色的料理單元。第二章是時下最流行的「藜麥」，這食材不容易入菜，但有創意的黎華為「藜麥」設計出沙拉、飯糰、湯品及輕食，讓人透過創意的料理，喜歡這食材，並獲得營養。

另外，專為家中長者或父母設計的「樂齡料理」在第四章，同時考慮了長者咀嚼及營養素的需求，有了「雪裡紅燴豆腐」、「醬味喜菇綠蔬」、「香椿炒糙米飯」等，讓美味的蔬食能輕鬆入口。

《蔬食好料理 2》這本食譜，適合個人，也適合家庭，跟著食譜動手做菜，才是真食力，這是一本無論什麼年齡都受用的「樂齡食譜」，相信能為自己和家人的健康加分。

## | 索引 | 本書食材與相關料理一覽表

完成了美味健康的蔬食料理，卻發現食材用不完怎麼辦？
別擔心，可參考以下的食材分類，將用不完的食材，運用在其它料理！

# 蔬食好料理 2

## 饗瘦健康，你能做！

食 譜 設 計 示 範／吳黎華

總　　　編　　　輯／葉雅馨
主　　　　　　　編／楊育浩
執　　行　　編　　輯／蔡睿縈、林潔女、張郁梵
攝　　　　　　　影／許文星
封　　面　　設　　計／比比司設計工作室
內　　頁　　排　　版／陳玟憶

出　　版　　發　　行／財團法人董氏基金會《大家健康》雜誌
發 行 人 暨 董 事 長／謝孟雄
執　　　行　　　長／姚思遠

地　　　　　　　址／台北市復興北路 57 號 12 樓之 3
服　　務　　電　　話／02-27766133#252
傳　　真　　電　　話／02-27522455、02-27513606
大 家 健 康 雜 誌 網 址／www.healthforall.com.tw
大家健康雜誌粉絲團／www.facebook.com/healthforall1985

郵　　政　　劃　　撥／07777755
戶　　　　　　　名／財團法人董氏基金會

總　　　經　　　銷／聯合發行股份有限公司
電　　　　　　　話／02-29178022#122
傳　　　　　　　真／02-29157212

法　　律　　顧　　問／眾勤國際法律事務所
印　　刷　　製　　版／緯峰印刷股份有限公司

國家圖書館出版品預行編目 (CIP) 資料

蔬食好料理 2：饗瘦健康，樂齡美食你能做！／
吳黎華食譜設計示範 .– 初版 .– 臺北市：董
氏基金會 << 大家健康 >> 雜誌，2017.09
　面；　公分 .– ( 健康樂活；13)
ISBN 978-986-92954-6-8( 平裝 )

1. 蔬菜食譜

427.3　　　　　　　　　　　　　106013539

出版日期／2017 年 9 月 13 日初版
　　　　　2017 年 10 月 12 日二刷
定價／新台幣 350 元

本書如有缺頁、裝訂錯誤、破損請寄回更換
歡迎團體訂購，另有專案優惠，
請洽 02-27766133#252

本書感謝 HCG 和成欣業股份有限公司提供廚具展示中心場地及拍攝協助